1秒钟决定今天穿什么

服がめんどい
「いい服」「ダメな服」を1秒で決める

不会出错的**男性**穿搭指南

[日] 大山旬 著　[日] 须田浩介 绘

曹磊　张艳辉 译

中国友谊出版公司

前言

挑选衣服时,
只要记住一句话:

不要做
任何多
余的事。

　　本书开头的话听起来或许有些刺耳，但却是实话。

　　"哇，这件衣服真好看。"你拿在手里赞叹的衣服，穿上身恐怕会发现：

　　真土气啊！

　　再说明白一点吧！

　　大多数男性第一眼觉得衣服好看，就会买下，回家穿上身后上下打量，才发现不适合自己。

　　"为什么同想象中的不一样？"

　　当然，也就只能想一想，不甘心也得认栽，将就着继续穿吧。

　　对于普通人来说，或许只能通过翻阅时尚杂志、商品彩页来学习穿搭。但是，出现在眼前的可都是身材比例百里挑一的专业模特。

商家为了维持品牌形象，刻意给消费者呈现出完美的造型，完全没有实际意义。

而且，这样一来，我们会感觉挑选衣服很麻烦。买来衣服，穿上衣服，听起来很容易，我们却要花费许多不必要的时间及金钱，还会左思右想、犹豫不决。

"会不会不好看？""这个颜色如何？""那个花纹还行吗？"……

哎呀，什么衣服不衣服的，随便穿穿得了。

这样随意撂下话的人也不少，但内心深处却想着"我才不想看上去土气啊"。就算不在乎是否能得到异性的青睐，也不想被嘲讽"穿得好难看"吧。而且，男性之间的互相较劲儿也让人疲惫不堪。"那是什么牌子？""服装就是对自己的投资。"

这种无止境的攀比着实让人心累。

"优衣库太俗气了。"

"不是哦！搭配好的话也不错。"

"其实，说优衣库逊才是真的逊。"

时代瞬息万变，但有一点始终不变。那就是：

穿搭真是麻烦。

因此，请按下"重启"键，啪嗒。

现在，你的信息已完成初始化。

再说一遍，那些你认为好看就不管不顾地选中的衣服全都逊爆了。

还记得本书开头的那句话吗？

不要做任何多余的事。

别选奇怪的花纹。

别挑奇怪的颜色。

别买奇怪的单品。

选择普通的衣服就好！

但是，迈出第一步时肯定很艰难。

我们通过去学校学习掌握知识技能。练习体育项目也是如此，一开始就有人教我们规则。但是，穿搭可不一样。

穿搭高手究竟为什么能够穿得好看？其实，这都是因为以前积累了大量经验。他们在学生时代就对时尚怀有兴趣，买过各种各样的衣服，不断从失败中获取经验，"这种衣服穿起来好看""自己适合这些衣服"。

不擅长打扮的人，时尚经验值极低，总是去同一家服装店购买同类型的衣服，渐渐养成"怪异的习惯"，形成了"自己的时尚"。

即便如此，年轻时穿什么都不难看。说白了，正因为年轻，才被衣服的外表蒙蔽了。

但是，随着年龄的增长，外表会发生变化，30岁后尤其明显。你还穿年轻时的衣服的话，会让他人产生"这是什么？""不伦不类"的想法。因此，"想穿的衣服≠合适的衣服"。

不能再想着积累经验了，现在才开始试错太过低效。不要担心，本书可以给你指出一条捷径。

实际上，适合成熟男性的穿搭有规律可循。

只是平常很少有机会学到这类知识。

只有20%的人有时尚天分，剩下的80%只能穿不适合自己的衣服吗？

衣服的世界还真是残酷。

别着急，放宽心。刚刚你的信息不是已经初始化了吗？下面将向你传授穿搭法则的精华。

让本书激活你的穿搭灵感吧!

好吧,让我们忘掉麻烦的穿搭,投入到工作、爱好、家庭、人生大事中吧!服装从业者不会告诉你的真心话,本书会告诉你。

序

大家好，我是造型师大山旬。

我虽然从事造型工作，但随着年龄的增长，对自己的穿搭也日渐感到烦恼。在社会当中，我们承担着自己的责任。工作、家庭、爱好……脑袋里已装得满满的，哪还有多余的精力考虑服饰搭配？

正在翻阅本书的人中，或许也有对时尚没有什么兴趣、对日常穿搭感到不知所措的人吧。

这就是我写下这本书的原因。

本书同目前市面上的时尚书籍有明显区别：聚焦于各位对时尚的"怪癖"，致力于让您 1 秒钟就判断出**合适的衣服**和**不合适的衣服**。

你想练就挑选衣服的毒辣眼光吗？

话说回来，大家所认可的时尚到底是什么样？是时尚杂志中让人赏心悦目的模特的样子吗？当然不是。从日常穿着中，多少可以感受到一个人的品位。想追求**自然的时尚**的人，占据压倒性数量。

以美食打比方或许更容易理解。想做一顿可口的饭菜时，想必不会专门去学做法国料理或日式料理吧，"简单即可，好吃就行"才是大家所追求的目标。

　　若想让自己穿得和时尚杂志中的模特一样有型，肯定需要不俗的品位。但是，如果是追求自然的时尚，就不需要什么品位了。因为比起品位，更重要的是掌握时尚的基本知识。**"在哪里买?""买什么?""如何挑选?"**掌握这些知识，服饰搭配的麻烦就会减少许多。如今这个时代较以前更容易达到时尚的目标。无须花很多钱，就能买到适合自己的基本款衣服。那么，穿着得体的人是否比以前增加了很多呢? 很遗憾，并没有。原本就有型的人更有型了，而不善于此的人还是和以前一样。差距反而越发明显。

　　挑选衣服，就像按照食谱做菜。

　　与刚刚提到的烹饪的比喻一样，没必要达到餐厅大厨的满分水准，80 分就好。

　　街头上穿搭水平在 50 分以下的男性特别多。

而且，几乎全部都是因为挑错衣服，详细分析参见本书第一章和第二章。总而言之，学会挑选衣服就能轻松超过 50 分，**达到 70 分也不是难事**。如果掌握了第三章中穿搭的基本的方法，就能达到 80 分。

我分享的绝不是花哨的穿搭，而是基本款的搭配，即在日常生活中显得大方得体的时尚感，如同不需要太多时间就能轻松完成的美味简餐，这就是本书的终极目标。

"做自己""有个性"先抛到脑后，试着跳入框架中。挑选衣服同做菜一样，先按食谱制作，再尝试变化，这才是正确的顺序。

很多人说"穿搭难"，其实就是这么回事。去超市随便买了几样食材，就能想出做什么菜，这样的人肯定是烹饪高手吧。按常理来说，应该是先想好做什么，再去挑选食材。穿搭也一样，挑选单品十分重要。有了一些基本款的衣服，再尝试进行各种搭配就很轻松了。最常吃的洋葱、圆白菜、肉、鸡蛋等先买来，香菜、水芹菜等可能用不上的食材暂时不考虑。

只要衣服没选错，合理搭配就不难。换言之，就是要明白挑选单品的要点。所以，本书介绍的基本款衣服请务必买齐。

穿搭制服化的方案

本书的另一个目标就是"彻底放轻松"。不少公司要求员工上班时穿西服，因此每周穿便服的机会很少，不需要太多变化。并且，大多数人不愿意在衣服上过于劳神。因此，我非常推荐制服化的穿搭方法。

苹果公司的创始人史蒂夫·乔布斯的穿搭就是很好的例子。黑色高领衫搭配李维斯牛仔裤，脚踏一双新百伦（New Balance）运动鞋。在媒体上看到的他总是这样一副装扮。其实，这就是制服化的典范。此外，脸书（Facebook）的创始人马克·扎克伯格和日本的设计师、建筑师佐藤大木也是制服化的实践者。

"制服"这个词，似乎让人感到同好看、时尚无关。但是，乔布斯先生的黑色高领衫可是由时尚界无人不知的三宅一生操刀设计的。

不仅如此，三宅先生还专门精确测量了乔布

斯先生的身材尺寸，为他特别定制。乔布斯标志性的无框圆眼镜则是汲取了古董眼镜精华的伦罗亚（Lunor）牌的产品。**乔布斯永远不变的穿搭中也充满了对细节的追求。**扎克伯格也一样，简简单单的一件 T 恤毫无精心挑选的痕迹。但是，定睛一看，却都是几万日元的高档货。

因此，制服化并不意味着什么衣服都行。**挑选衣服时，千万不要图省事。**刚开始每用心一分，之后就能省心九分。

挑选出最好的一件！

我自己最近也开始慢慢朝着制服化迈进。比如一款中意的白 T 恤会买好几件，然后连续穿上几天，比较版型和舒适度，还能对比材质清洗前后的触感。

发现最棒的一款衣服后，一定要多买几件。

当然，**颜色不同的不要买。**

只买自己最喜欢的就好。比起五花八门的款式、颜色、风格，一个劲儿地穿自己喜欢的才是男人的习惯。发现自己喜欢的衣服后，就一直穿。希望大家阅读本书之后，**能够挑选出两三套适合假日穿着的服装。**

以上就是这本书想要传达的理念。

时尚业界的人或许非常喜欢买衣服，恨不得买几十件、几百件，永不停歇地追赶潮流。但是，本书并没有此类信息。"穿搭好麻烦"是大多数男性心底的声音，我写这本书就是为了解决这个烦恼。

目录

前言　2

序　10

　　　　你想练就挑选衣服的毒辣眼光吗？　11

　　　　穿搭制服化的方案　14

　　　　挑选出最好的一件！　16

序章　22

轻松挑选衣服的 3 个诀窍

　　　　1.　买什么？　经典 > 流行　24

　　　　2.　在哪里买？　性价比 > 品牌　26

　　　　3.　如何挑选？　纯色 > 花纹　28

第一章　选择衣服比想象中简单　30

1 秒钟判断出合适的衣服和不合适的衣服

西装外套　32　　针织衫　36

对襟开衫　40　　卫衣　44

衬衣　48　　条纹衬衣　52

小立领衬衣　56　　亚麻衬衣　60

立式折领大衣　64　　切斯特大衣　68

尼龙外套　72　　羽绒服　76

T 恤　80　　横条纹 T 恤　84

Polo 衫　88　　蓝色牛仔裤　92

黑色牛仔裤　96　　西装裤　100

白色牛仔裤　104　　短裤　108

第二章 选择小物件比想象中简单　112

1秒钟判断出合适的小物件和不合适的小物件

运动鞋　114　　皮鞋　118

凉鞋　122　　袜子　126

托特包　130　　双肩包　134

眼镜　138　　手表　142

饰品　146　　围巾　150

第三章 穿搭得体比想象中简单　154

前所未闻的时尚概念一次掌握

1　试穿太麻烦？　156

2　对自己的体形不满意？　160
　个子不高／身材发胖／
　身材过瘦／腿不够长

3　一定要盲从流行趋势吗？　165

4　对搭配感到无从下手？　169
　休闲单品、正式单品明细

5　发型该怎样打理？　173

　　介绍百搭发型的日本网站

6　衣物该如何清洁？　177

　　接触皮肤的衣服／不接触皮肤的衣服／

　　外套／鞋子

7　如何根据个性挑选衣服？　182

　　低调保守的人／活泼且好奇心强的人

8　该听取他人的意见吗？　186

结束语　189

序章
轻松
挑选衣服的
3个诀窍

挑选衣服之前，有件事必须要做，那就是让自己的感觉"一键复位"。

将自己挑选服饰的准则全部清零，牢牢记住 3 个问题。

买什么？

在哪里买？

如何挑选？

造型师将给出简单的方向，供您参考。

1. 买什么？ 经典 > 流行

学生时代，我们穿什么都很像那么回事。不过，基本上也就是 T 恤、牛仔裤配运动鞋。天气凉了，就套上风衣、羽绒服。即便如此，凭着年轻穿什么都好看。

但是，随着年龄的增长，青春一去不复返，**体形、容貌、皮肤都发生了变化**。如果还总是穿类似的衣服，不知不觉就成了"油腻大叔"。

想要摆脱类似的标签，自己就必须做出改变。当然，这并不是说要追求流行的高价服饰。**普通的衣服**就足够了。白色衬衣、蓝色牛仔裤、开衫、针织衫、大衣等，建议大家首先挑选类似这些在服装店中再寻常不过的衣服。

　　越是不善穿搭的人，越容易盲目追逐潮流。服装店以营利为目的，自然会将最流行的服饰陈列于显眼的位置，极力推荐。但是，**如果只买流行的衣服，穿搭时会让人头痛不已**。当然，本身喜欢服装且有足够时间精心考虑穿搭的人另当别论。对不善穿搭的人来说，没必要自寻烦恼追求流行。所以，看准书中介绍的经典款式，有针对性地购买即可。

　　首先，全身上下都选择经典款单品：衬衣（参见第 48 页、第 52 页）2 件，裤子（参见第 92 页、第 96 页）2 条，西装外套（参见第 32 页）1 件，大衣（参见第 64 页）1 件，鞋子（参见第 114 页、第 118 页）2 双。如果每周双休，这些服饰已经基本够用。除此之外，如果想增加一些流行元素，可以选择优衣库等快消品牌的单品。当然，最好还是挑选经典款。

2. 在哪里买? 性价比 > 品牌

服装行业及百货商店不景气, 时尚杂志停刊, 已经成为我们习以为常的事情。花大价钱买衣服的时代或许一去不复返了。认为品牌价值高于一切的想法可以说过时了。**其实昂贵的衣服穿在身上未必好看。**选择快消品牌服饰, 稍微花点心思反而能够出彩。归根结底, 还是由于平价服饰可挑选的种类越来越多。**特别是优衣库等品牌, 有很多适合成熟男性的服饰。**

本书会介绍优衣库、GLOBAL WORK、CIAO-PANIC TYPY 等平价品牌。此外，也会推荐一些价格稍高的精品店，包括 green label relaxing、NANO universe、EDIFICE、UNITED ARROWS 等。

如今高价服饰和平价服饰在感官上的差别逐渐缩小，很多人难以凭借肉眼分清。优衣库和 UNITED ARROWS 的白色 T 恤，**远看别无二致**。但是，价格可是相差近 3 倍。

牛仔裤、T 恤等**常用常换的基本款在优衣库就能买齐，外套等视野中的主角可以去精品店仔细挑选**。而且，在某件质地精良的单品的衬托下，全身其他服装也会显得高档不少。

3. 如何挑选？纯色 > 花纹

前文谈到了"性价比 > 品牌"，那么，到底如何挑选衣服才好？直接说答案吧！买纯色的就不会错。不善穿搭的人都有一个共同点，那就是**净挑一些样子货**。

- 设计复杂
- 别具一格
- 花纹少见
- 颜色鲜艳

对于穿搭，很多人都有类似这样的误区，必须要走出来。

　　一般说来，只需挑选纯色的衣物，再通过试穿找准适合自己的尺码。不带花纹、合身，以这样的标准挑选服装即可。

　　颜色也不例外，你可不能被店里的缤纷色彩迷惑了。挑选**藏青色、黑色、白色、灰色、米色**就好，红色、黄色等鲜艳的色彩完全不用考虑。

　　纯色衣服买多了，不知不觉就会感到单调。这时就可以将目光投向带有花纹或图案的衣服。当然，还是纯色为主，用带有图案、花纹的单品稍加点缀。

　　这就是看起来有型的秘诀。

第一章
选择衣服
比想象中简单

1 秒钟判断出合适的衣服和不合适的衣服

首先浏览一遍本章内容，当然，也可只对比一下合适的衣服和不合适的衣服。明确自己想买什么后，挑选时就不会犹豫不决了。

　　目标大致清晰之后，再考虑如何挑选、品牌、尺码。穿搭方法参考"这么穿！"，关键是找到正式和休闲的平衡（参照第 172 页）。彩页中模特的头像是动物，这是为了体现谁穿都可以。放轻松，试着代入自己的形象就行。

西装外套

成熟男性穿起来感觉不错，适合假日穿着的西装外套。

如何挑选

- 选择传统双纽扣款及无肩垫的轻松舒适款。
- 选择偏蓝色的藏青色（黑色略显正式，不合适）。
- 高性能的"舒柔特"（SOLOTEX）材质质地优良，值得推荐。

品牌推荐

- 由于是重要的单品，预算可以高一些。推荐：NANO universe、green label relaxing、UNITED ARROWS。

尺码推荐

- 选择合身尺码，过松或过紧的都不要（纽扣系上时，握紧拳头能够勉强伸入衣服内的宽松度最佳）。
- 盖住臀部一半的长度最合适（正装下摆完全遮住臀部会过长）。
- 袖子长度以拇指距离袖口 10～11 厘米为宜。

这件衣服
不合适

七分袖、袖口挽起露出格纹的设计略显幼稚，不合适。

NG
不合适的衣服

西装外套

这么穿！

休闲 × 正式

故意穿走样！

西装外套
第 32 页

横条纹 T 恤
第 84 页

蓝色牛仔裤
第 92 页

运动鞋
第 116 页

80 分
性价比最高

西装外套的搭配法则

藏青色西装外套算得上休闲装中最正式的单品，乍一看似乎有点呆板。但是，经过巧妙搭配，也能穿出成熟感。

西装外套可挑选的款式还是很多的。不仅有偏正式的款式，也有轻便舒适的休闲款。假日穿着的话，当然选择休闲款。

内搭的单品要注意保持统一的休闲风格。如果西装外套里面配上一件带领子的白衬衫，难免会让人感到拘谨，最好还是搭配纯白 T 恤或横条纹 T 恤。如果实在想穿衬衫，竖条纹的小立领衬衣（参见第 58 页）是不错的选择。因为没有翻领，配上西装外套也不会让人感到拘谨。

下装也一样，搭配蓝色牛仔裤，休闲感倍增。黑色牛仔裤也不错。"藏青色 × 黑色"的深色系组合呈现出的微妙色差，给人以帅气之感。

春夏时节，搭配白色牛仔裤可以营造出清爽感。藏青色和白色对比的效果会让人看起来活力十足。

搭配运动鞋得体、舒适，搭配乐福鞋（懒汉鞋）简洁、利落。可以和多种单品完美搭配，藏青色西装外套果然是神一般的单品。

针织衫

时尚人士都会选择的优质单品，春、秋、冬三个季节都能穿搭。

如何挑选

- 选择纯色的款式。
- 选择圆领的款式。
- 颜色可选藏青色、灰色、白色。
- 厚度选择中厚。
- 特别推荐白色针织衫，穿上之后整个人更显阳光。

品牌推荐

- 基本款选择优衣库就行。
- 舍得投入的话，可选 green label relaxing、Tomorrow Land。

尺码推荐

- 穿上身时感觉刚刚好的宽松度最合适（不要选太过贴身的）。
- 正在流行的宽松尺码不容易驾驭，小心尝试。

这件衣服
不合适

带有花纹或颜色复杂会让人感觉像学生，切勿选购。此外，V 字领也略显造作。

针织衫

这么穿!

休闲 ✕ 正式

针织衫下面稍稍露出衬衣，更显时髦。

手表
第 142 页

针织衫
第 36 页

蓝色
牛仔裤
第 94 页

饰品
第 146 页

80 分
性价比最高

运动鞋
第 114 页

针织衫的穿搭法则

针织衫厚度不一，有轻薄细密的，有厚实粗糙的。我最推荐中等厚度的针织衫。

薄针织衫适合较瘦的人，身材发胖的话穿着显得别扭。此外，穿上厚针织衫再裹上外套会显得臃肿，活动也不自如。选择中等厚度的针织衫，就不用过多担心这些问题了。

材质方面，春季选择棉质，秋季以羊毛为宜。

藏青色的圆领针织衫搭配灰色长裤显得成熟、稳重。灰色针织衫搭配黑色牛仔裤，更显干练、简洁。

到了冬季，套上短大衣就是另一副装扮。灰色针织衫搭配藏青色切斯特大衣，或者白色针织衫搭配米色立式折领大衣，都很帅气。

针织衫内还可搭配圆领 T 恤，领口稍稍露出也没有关系。比如在纯白色 T 恤外面套上藏青色圆领针织衫，白色 T 恤的领口就会稍稍露出。别看就露出了些许白色，却能增添几分阳光、清爽。

也可以在衬衣外面套上针织衫，叠穿的效果同样不错。针织衫最适合叠穿，绝对要尝试一下。

对襟开衫

该告别学生时代的对襟开衫了，现在需要的是成熟风格。

如何挑选

- 选择极简款。
- 5 颗纽扣或没有纽扣均可。
- 颜色最好是藏青色或黑色。

品牌推荐

- 选择 GLOBAL WORK、CIAO-PANIC TYPY 就行。
- 舍得投入的话，可选 green label relaxing、EDIFICE 等。

尺码推荐

- 穿上身时感觉刚刚好的宽松度最合适（太松或太紧都不行）。
- 厚度依身材选择。较瘦的人选择薄针织衫，中等身材或微胖的人适合稍厚的针织衫。

这件衣服
不合适

有包边设计，袖长较短，出现两种以上的颜色，此类设计花哨的款式看起来学生气过重，切勿选择。

NG
不合适的衣服

对襟开衫

这么穿！

不系纽扣，随意敞开

对襟开衫
第 40 页

T 恤
第 80 页

西装裤
第 100 页

80 分
性价比最高

真皮
运动鞋
第 114 页

对襟开衫的穿搭法则

只穿一件 T 恤有点冷，但又不至于裹上夹克。每当这个时候，对襟开衫就派上用场了。穿上就能保暖，针织材质的优雅质感也能凸显成熟气质。对襟开衫是男性必不可少的经典单品，准备一件不会错。

对襟开衫的穿搭极其简单。白色的圆领 T 恤外面套上一件藏青色（或黑色）的对襟开衫，简单、雅致的假日穿搭就轻松完成了。秘诀在于用藏青色和白色的强烈对比营造出洗练的风格。

此外，横条纹 T 恤（参见第 84 页）外搭对襟开衫也很不错。下装搭配蓝色牛仔裤显得比较休闲，如第 42 页所示穿上灰色西装裤彰显品位。可以将对襟开衫袖口稍稍挽起，露出手腕。

衬衣外面套上对襟开衫也不错。白色衬衣搭配藏青色对襟开衫的穿法永远经典。建议将第 58 页的条纹小立领衬衣搭配藏青色对襟开衫，用同色系营造出统一感。

一般建议搭配真皮运动鞋。秋冬季节，则建议搭配翻毛皮革的平底鞋、沙漠靴。

卫衣

摆脱家居服的印象！选择成熟款式，不落俗套。

如何挑选

- 卫衣分为拉链衫和套头衫。两种均可。
- 尽量挑选简洁的款式。
- 颜色可选藏青色或黑色（浅灰色会给人以家居服之感）。

品牌推荐

- 推荐优衣库的排汗卫衣。舍得投入的话，就选 NANO universe。
- 品质高一些的可选 LOOPWHEELER，成熟且有品质的推荐 SeaGreen。

尺码推荐

- 选择合身的尺码，过宽过窄都不行。
- "衣摆是否太长？衣袖是否太长？"必须仔细确认。

这件衣服
不合适

鲜艳的格纹衬里显得幼稚。建议选择深沉、稳重的色调，凸显成熟感。

NG
不合适的衣服

卫衣

这么穿!

休闲 × 正式

裤装须简洁!

圆领 T 恤
第 80 页

卫衣
第 44 页

手表
第 142 页

黑色
牛仔裤
第 96 页

80 分
性价比最高

真皮
运动鞋
第 114 页

卫衣的穿搭法则

卫衣会给人留下居家服、学生气的印象，并且持有这种印象的人为数不少。但是，正因为许多成熟男性对其避而远之，搭配好了反而更显个性。

卫衣的穿搭法则因季节而异。只要选对尺码，就不难搭配。休闲风格的卫衣应搭配黑色牛仔裤、西装裤等稍正式一些的裤装。蓝色牛仔裤和卫衣的搭配过于自由、散漫。如果缺少正式的元素，就容易显得学生气。最好是藏青色卫衣搭配黑色牛仔裤，黑色卫衣搭配灰色西装裤。

卫衣还可叠穿。初春时节，可以在卫衣外面套上一件大衣。商务风格的大衣搭配休闲卫衣，帅气十足。

卫衣的魅力在于无须过多装饰的随意感。搭配得好，就能让异性眼前一亮。所以，务必掌握其挑选方法和穿搭法则。

衬衣

成熟男性的假日必备单品。不知道穿什么时，选它就行！

如何挑选

- 选择极简的款式。
- 衣领选择带纽扣的或标准领。
- 颜色可选白色，材质可选棉质。
- 全年都能穿，尽量选择品质较高的。
- 虽然近年流行宽松的款式，但不能被流行风潮左右，尽量选择合身的尺码。

品牌推荐

- 优衣库就能买到，但更推荐定价稍高的 green label relaxing。
- 如对品质有更高要求，可选 ED-IFICE、UNITED ARROWS。

尺码推荐

- 衣长适中，下摆盖住臀部的一半即可（如过长，可裁边）。
- 躯干部分稍稍收腰即可，太松太紧都不行。

这件衣服
不合适

不要挑选带有装饰的衬衣。缝线颜色鲜艳，带有品牌标志、徽章，都不合适。

NG
不合适的衣服

衬衣

这么穿！

袖口挽起，更显自然

衬衣
第 48 页

手表
第 142 页

蓝色牛仔裤
第 92 页

80 分
性价比最高

运动鞋
第 116 页

衬衣的穿搭法则

白衬衣是休闲穿搭的基础单品。因带有强烈的正装感而让人感觉利落，再加上纯白色很清爽，反复挑选也决定不了穿什么的时候，选择白衬衣肯定没错。

白衬衣作为主角出现的机会很多，也是秋冬季节经典的内搭单品。白衬衣十分朴素，因此很容易让人产生增加一些装饰的想法，请务必忍住。如果加入装饰，反而难以搭配，且显得廉价。想要穿出个性的话，不妨提高预算，购买材质较好的单品。

白衬衣偏正式，搭配休闲风格的单品，可以营造轻松随意的气息。比如搭配蓝色牛仔裤、运动鞋。与此对比，如果全身都是西装裤、皮鞋、藏青西装外套等正装，简直就像去上班，给人以死板的印象。

此外，衬衣的下摆千万别塞到裤子里，又不是去上班，不系才能展现出休闲感。白衬衣外面套上对襟开衫、西装外套、长款大衣的穿搭，也比较容易给他人留下好印象。

条纹衬衣

稍加点缀！多了条纹，更显时尚。

如何挑选

- 挑选条纹宽 3~5 毫米的，太宽会显得过于休闲。
- 条纹比正装衬衣的稍宽，增添休闲感。
- 颜色可选"蓝色 × 白色"的组合。

品牌推荐

- GLOBAL WORK 就可以（相比白色衬衣，条纹衬衣不容易看出价格差别）。
- 如预算充足，可选 green label relaxing、EDIFICE。

尺码推荐

- 同衬衣（参见第 48 页）一样，躯干部分稍稍收腰即可。
- 如果打算买两件，可选稍稍宽松的尺码。

这件衣服
不合适

花纹复杂的衬衣难以搭配。高领、黑纽扣的设计显得造作，会给女性留下不好的印象。

条纹衬衣

这么穿！

全身只有一种花纹

条纹衬衣
第 52 页

西装裤
第 100 页

80分
性价比最高

真皮
运动鞋
第 114 页

条纹衬衣的穿搭法则

　　带花纹的款式基本不要选，但也有例外，那就是条纹。这是一种适合所有人的百搭的花纹。"白色衬衣有点单调""想加些装饰"，有类似需求时，条纹衬衣就能帮上大忙。条纹本身就是最精妙的点缀，因此不用精挑细选，简单即可。

　　整体搭配基本完成，但还稍感美中不足时，就该条纹衬衣出场了。例如，白色衬衣搭配蓝色牛仔裤、藏青立式折领大衣，虽然看起来不别扭，但稍显乏味，不妨试试将白衬衣换成条纹衬衣。稍加改变，就能更时尚。特别是在衬衣外面穿上西装外套、对襟开衫时，衬衣带些条纹会更协调。里面衬衣的花纹若隐若现，显得精致。

　　相反，一件衣服中出现多种花纹就会显得画蛇添足，点到为止就可以。穿条纹衬衣时，其他单品应尽量简洁。此外，虽然大家通常认为衬衣的第一颗纽扣不用系上，但是，偶尔全部系上可能更显干练。

小立领衬衣

不要因感到陌生而保持距离。

极具特点的领子可增添新鲜感。

如何挑选

- 挑选带有窄布带形状衣领的款式。
- 选择蓝色、藏青色等纯色或"蓝色 × 白色"的条纹。
- 纯白色过于简洁,建议挑选稍加点缀的款式。

品牌推荐

- 推荐 GLOBAL WORK、NANO universe。
- 预算稍微提高,可选 UNITED ARROWS。

尺码推荐

- 同衬衣(参见第 48 页)一样,躯干部分稍稍收腰即可。
- 下摆刚刚盖住全部臀部(比普通衬衣更休闲,所以稍长)。

这件衣服
不合适

选购小立领衬衣时,避开短袖款或亚麻材质,米色的千万别选。一板一眼的颜色及设计会让人感觉老气。

NG
不合适的衣服

小立领衬衣

这么穿！

休闲 × 正式

单穿、叠穿
都能成为亮点。

小立领衬衣
第 56 页

手表
第 142 页

黑色牛仔裤
第 96 页

80分
性价比最高

真皮
运动鞋
第 114 页

小立领衬衣的穿搭法则

最近几年，街头经常有人穿小立领衬衣，看似是突如其来的流行风潮，实则不然。小立领衬衣是十分经典的单品。这种衬衣特点鲜明，刚穿时或许有些不适应。建议先挑选价位较低的，找到感觉了再放开手。

小立领衬衣非常百搭，配蓝色牛仔裤显得休闲、随性；由于没有正装领，搭配黑色牛仔裤或西装裤时也不会让人感觉是去上班。穿蓝色牛仔裤时，搭配纯色衬衣更显清爽；穿黑色牛仔裤或西装裤时，需要以条纹衬衣加以点缀。此外，建议在衬衣外面套上西装外套或大衣。独特的衣领造型可以增添一分时尚感。

如果搭配外套，建议选择条纹款，增添装饰效果。小立领衬衣外面还可穿圆领针织衫，这种有内涵的穿搭可以彰显个人品位。

鞋子方面，不仅可以搭运动鞋，也可以搭乐福鞋。

亚麻衬衣

打破夏天穿短袖的固有想法！

随性的亚麻衬衣，挽起袖口更显轻松。

如何挑选

- 挑选纯色长袖款式。
- 颜色可选白色或彰显成熟感的藏青色。
- 如无其他装饰，推荐薄荷绿或亮蓝色。

品牌推荐

- 比较推荐 GLOBAL WORK、CIAO-PANIC TYPY。
- 如需品质更高的，可选 NANO universe、UNITED ARROWS。

尺码推荐

- 注意：衬衣前后摆的长度不同。从身后看去不宜过长（如太长可修边，裁短几厘米，给人的印象会大不相同）。
- 通常挽起袖口穿，所以袖子稍长也无碍。

这件衣服
不合适

带花纹的亚麻衬衣不易搭配，不要选。颜色太多显得俗气，短袖亚麻衬衣看起来老气，也不合适。

NG
不合适的衣服

亚麻衬衣

这么穿！

休闲 ╳ 正式

亮蓝色起到
点睛作用。

亚麻衬衣
第 60 页

饰品
第 146 页

白色牛仔裤
第 106 页

80分
性价比最高

凉鞋
第 122 页

亚麻衬衣的穿搭法则

建议夏季常穿亚麻衬衣。带领子的衬衣显得清爽，亚麻布料特有的褶皱又增添了些许随意感。

悠闲的夏日里，带有适度成熟气息的亚麻衬衣是非常实用的单品。不过，短袖、七分袖等款式会显得幼稚。建议将长袖挽起，这样既显得成熟，又凉快不少。

价格高一些的亚麻衬衣材质会更好，剪裁也更佳。当然，试穿并挑选最适合自己的就好。白色亚麻衬衣搭配蓝色牛仔裤，夏季的成熟穿搭轻松完成。藏青色亚麻衬衣与白色牛仔裤的搭配也值得推荐，上下对比强烈，更显利落。亮蓝色亚麻衬衣搭配藏青色西装裤，藏青色衬衣搭配白色牛仔裤，注意不要让全身显得太过沉重。

此外，亚麻衬衣也可以叠穿，以横条纹 T 恤（参见第 84 页）打底，外面穿亚麻衬衣。这样穿搭时，应敞开纽扣。同一款式的亚麻衬衣，敞开和系上纽扣的效果截然不同。

立式折领大衣

正装大衣是春秋季节的必备单品。

根据季节穿搭，呈现不同效果。

如何挑选

- 款式挑选简洁的商务款。
- 材质可选棉质、涤纶等轻质面料。
- 颜色可选藏青色、黑色等深色。初春比较推荐米色。

品牌推荐

- 大衣属于"门面"，需要多投资一些。推荐 URBAN RESEARCH、green label relaxing。
- 如果预算较充足，可选择专门制作大衣的 Traditional Weatherwear。

尺码推荐

- 大衣通常设计得比较宽松，需要确认袖长，如太长就改短。
- 衣长因流行趋势而异，但基本在膝盖上方 5 厘米即可（太短显得幼稚，太长则显得老气）。

这件衣服
不合适

领子立起的大衣商务风格强烈，不适合平时穿。

立式折领大衣

这么穿！

休闲 × 正式

不系纽扣，更显洒脱。

针织衫
第 36 页

立式
折领大衣
第 64 页

蓝色牛仔裤
第 92 页

真皮
运动鞋
第 114 页

80 分
性价比最高

立式折领大衣的搭配法则

　　所有大衣中，最经典的当是立式折领大衣。但是，由于设计过于普通，门店内即使有售，也不会陈列在显眼位置。大衣几乎不受体形限制，任何人都可以穿，不妨备上一件。

　　虽然商务场合穿着较多，但巧妙搭配也能显得休闲。比方说，穿白色或灰色的圆领针织衫时就可以搭一件大衣。此外，条纹衬衣、小立领衬衣也适合搭配大衣。

　　裤装方面，搭配蓝色牛仔裤可以增添休闲感，搭配黑色牛仔裤则风格统一。立式折领大衣还可以搭配白色牛仔裤，撞色的搭配更显清爽，最适合初春时节。更高级的是卫衣与大衣的反差搭配。大衣的正式感与卫衣的休闲感平衡得恰到好处。

　　鞋子方面，白色或黑色的真皮运动鞋就很合适，例如新百伦的运动鞋；秋季则适合搭配沙漠靴。

切斯特大衣

冬季除了羽绒服，也少不了切斯特大衣，
穿上即可轻松彰显成熟气质。

如何挑选

- 尽可能挑选简洁的款式。
- 选择羊毛或羊绒的混纺面料。
- 选择藏青色、灰色等经典深色（大衣面积较大，黑色容易显得沉闷）。

品牌推荐

- 优衣库的材质及剪裁俱佳，性价比最高。
- 如需品质更高的大衣，可选 green label relaxing、EDIFICE。

尺码推荐

- 选择不松不紧、穿着舒适的尺码。
- 衣长按膝盖上方 5～10 厘米的标准选择。太短显得怪异，长度超过膝盖则显得土气。
- 不同品牌的尺码及衣长有所差别。

这件衣服
不合适

短款的粗呢大衣不易搭配，纽扣周围设计烦琐，显得幼稚，不建议选。

NG
不合适的衣服

切斯特大衣

这么穿！

配条围巾也不错！

针织衫
第 36 页

切斯特大衣
第 68 页

蓝色牛仔裤
第 92 页

真皮
运动鞋
第 114 页

80 分
性价比最高

切斯特大衣的穿搭法则

切斯特大衣是隆冬季节的单品，从 12 月到次年 3 月都适用。从设计角度来看，它就是加长款的西装外套。切斯特大衣适合商务场合穿着，作为便服会给人过于正式的感觉。

尽管切斯特大衣是偏正装感的单品，但是大胆搭配其他休闲服饰，也能显得洒脱不少。大衣里面可以配圆领针织衫，白色及浅灰色的针织衫尤其能够增添朝气。条纹针织衫可以平添几分休闲感，也值得推荐。

下装选择蓝色牛仔裤，显得休闲感十足。搭配黑色牛仔裤，则多一分沉稳。搭配西装裤的话，商务气息会较浓厚，配上白色针织衫和运动鞋，瞬间提升休闲感。

此外，切斯特大衣是衣领敞开的设计，适合搭配围巾（参见第 150 页），不仅可以防寒，也显得帅气。

尼龙外套

可以日常穿着的运动款单品，
舒适性绝佳！

如何挑选

- 尽量挑选简洁的款式。
- 颜色仅可选黑色、藏青色。
- 可选择北面、始祖鸟等设计考究的户外品牌。

品牌推荐

- 优衣库的 BLOCKTECH 性价比较高。
- 户外运动品牌，推荐北面、始祖鸟。

尺码推荐

- 选择稍微宽松一些的尺码。
- 内搭打底衫也挑选宽松的尺码（内搭针织衫时如感到稍紧，可挑选大一号的尺码）。

这件衣服
不合适

它看起来偏运动风，不够休闲。品牌标志太大的、颜色鲜艳的、花纹复杂的，全不建议选。

尼龙外套

这么穿！

上衣宽松，裤装修身

尼龙外套
第 72 页

针织衫
第 36 页

西装裤
第 100 页

80分
性价比最高

真皮
运动鞋
第 114 页

尼龙外套的穿搭法则

尼龙外套是适合运动及户外穿着的薄款外套，可以理解为防风外套。虽然看似同休闲装毫无关系，但尼龙外套可是运动混搭的经典单品。

尼龙外套穿着舒适，功能性优越。最近，不少精品店都出了设计很棒的款式。仔细观察一些会穿搭的人，他们大多深谙尼龙夹克的搭配诀窍。

尼龙外套是运动装，适合搭配较正式的单品。尼龙夹克里面配上白色圆领针织衫，色调反差强烈，更显清爽；或者搭配灰色针织衫，内外协调增添成熟感。此外，尼龙夹克与白衬衣也很搭，衬衣上方留一个纽扣不系，便是优雅、成熟的运动混搭风。

下装不要选择休闲的蓝色牛仔裤，搭配黑色或灰色的西装裤会更加协调。因为服装整体色调偏暗，穿白色真皮运动鞋显得更有朝气。

羽绒服

冬季不可或缺的服饰，"防寒""有型"都
不能少。

如何挑选

- 挑选极简款。
- 挑选哑光材质。
- 颜色可选藏青色、黑色等深色。

品牌推荐

- 优衣库的无缝羽绒服非常棒。
- 舍得投资的话，推荐 NANO Uni-verse 的西川羽绒服、BEAUTY & YOUTH 也不错。

尺码推荐

- 尽可能选择贴身的尺码（最好偏修身，避免臃肿）。
- 选择达到腰部左右的短款。
- 拉上拉链之后，手臂自然放下时和身体稍有空隙的尺码最为理想。

这件衣服
不合适

优衣库的超轻羽绒服容易撞衫，不合适。此外，红色、绿色等鲜艳的色彩不易搭配，且显得俗气，更不合适。

NG
不合适的衣服

羽绒服

这么穿！

羽绒服较厚重，
修身款下装更搭

针织衫
第 36 页

羽绒服
第 76 页

黑色牛仔裤
第 96 页

80分
性价比最高

真皮
运动鞋
第 114 页

羽绒服的穿搭法则

作为保暖佳品，羽绒服是严冬不可或缺的单品。它长度适中，穿上后活动自如，还特别暖和，谁舍得脱下呢？不愧是隆冬时节的经典单品。可是，许多羽绒服看起来很臃肿，似乎不容易驾驭。

羽绒服属于休闲款，如果再搭配休闲款的服饰，难免显得幼稚。建议内搭白色或灰色的圆领针织衫，针织衫的正装感能够中和羽绒服的休闲感。

裤装建议选择修身的黑色牛仔裤，这也是抵消羽绒服臃肿感的诀窍之一。羽绒服的特点是蓬松和厚实，通过裤装衬托身材能起到平衡作用。此外，灰色西装裤等偏正式的裤装也很适合。可将西装裤稍稍改短，增加轻盈感；或者搭配白色牛仔裤，给冬季增添一抹亮色。

鞋子方面，白色的真皮运动鞋和羽绒服最搭；也可以搭配米色的沙漠靴或棕色的乐福鞋，增添一些稳重感。

为了避免过于休闲，可通过其他单品增添利落感。

T 恤

无须多余设计，极简款 T 恤最百搭。

如何挑选

- 选择极简圆领款。
- 选择白色或藏青色。
- 特别是藏青色，看起来比较正式，还显瘦。
- 纯色且胸部有口袋的款式尤其值得推荐。

品牌推荐

- 优衣库和著名设计师的联名品牌 UNIQLO U 的纯色 T 恤就很棒。
- 如果想选择品质更好的，可选 green label relaxing、UNITED ARROWS。

尺码推荐

- 选择穿上时感到宽松度刚刚好的尺码。
- 下摆不能太长，包住半个臀部即可。

这件衣服
不合适

V 字领的款式几年前流行过，但这股潮流已经消退。V 字领越大越有卖弄性感之嫌，容易给女性留下不好的印象。

NG
不合适的衣服

T恤

这么穿！

休闲 × 正式

搭配西装外套
对襟开衫均可

T恤
第 80 页

西装裤
第 100 页

运动鞋
第 114 页

80分
性价比最高

T 恤的穿搭法则

随着年龄增长，像 T 恤这种休闲服饰穿起来会渐显别扭。色彩鲜艳、印有图案的 T 恤尤其不容易搭配。建议选基本款的圆领 T 恤。

T 恤的合理尺码近年来也有巨大变化。前一段时间流行修身款，如今又崇尚宽松款。身材苗条的人穿修身款当然不错。但是，过紧的话会招致女性反感。

如第 82 页插图所示，单穿一件 T 恤时建议选择较宽松的尺码，隐藏发胖的体形，显得利落。

T 恤是重要的内搭单品，配西装外套、对襟开衫这样的偏正装感的外套十分协调。夏季可以搭配藏青色的亚麻衬衣（参见第 60 页），前襟敞开。

T 恤单穿时，要注意与裤装是否协调。T 恤配蓝色牛仔裤太过休闲，只适合注重造型风格的人群。

藏青色 T 恤搭配黑色牛仔裤，白色 T 恤搭配西装裤，T 恤适合搭配偏正式一些的裤装。

横条纹 T 恤

注意横条纹的宽度！

这种 T 恤适合内搭。

如何挑选

- 选择圆领款（船领等领子敞开较大的款式很难搭配）。
- 选择细条纹与白色相间的款式，白色部分应更宽一些。
- 挑选色彩简洁的款式，藏青色（或蓝色）和白色最佳。

品牌推荐

- ZOZO 等初创品牌性价比高，推荐购买。
- 想提高档次的话，可选 NANO Universe、BEAUTY & YOUTH。

尺码推荐

- 同 T 恤（参见第 80 页）一样，太大或太小都不行，应选择普通尺码。
- 通常作为内搭，所以应该比外套短一些。

这件衣服
不合适

横条纹太粗，喧宾夺主，过于幼稚，绝对不行。

NG
不合适的衣服

横条纹
T 恤

这么穿！

 休闲 × 正式

配上西装外套
更时尚。

横条纹 T 恤
第 84 页

黑色牛仔裤
第 96 页

80 分
性价比最高

真皮
运动鞋
第 114 页

横条纹 T 恤的搭配法则

同条纹衬衣一样，想稍加些装饰时，横条纹 T 恤就能派上大用场。如第 86 页所示，它单穿当然合适；像第 34 页那样内搭，也很有品位。总之，全身都是基本款的单品时，感到单调的话就可以搭配横条纹 T 恤。横条纹 T 恤和藏青色西装外套，无疑是最强组合。正式利落的西装外套加上平易近人的横条纹 T 恤，打造出恰到好处的休闲风。

此外，横条纹 T 恤还适合外搭衬衣，白色或藏青色的亚麻衬衣（参见第 60 页）、小立领衬衣（参见第 56 页）都可以。但是，绝对不能搭配条纹衬衣。"条纹 × 条纹"的组合给人以杂乱感，切勿尝试。穿搭的第一法则就是"全身上下只能有一处亮点"。

休闲风的条纹衬衣最适合搭配黑色牛仔裤等偏正式的裤装，搭配白色牛仔裤则显得清爽。如果是穿搭高手，建议尝试搭配灰色西装裤，凸显成熟、干练的风格。

Polo 衫

挑错款式就成大叔!

合身的 Polo 衫最时髦。

如何挑选

- 挑选没有花纹和图案的基本款。
- 颜色挑选藏青色、黑色等沉稳色调（白色、灰色显得老气，不合适）。

品牌推荐

- 基本款 Polo 衫就选优衣库。
- 舍得投入的话，可选 NANO Universe、UNITED ARROWS。

尺码推荐

- 挑选穿上时感觉贴身的尺码。
- 不可太宽松。
- 下摆不能太长，遮住臀部一半的长度即可。

这件衣服
不合适

挑选 Polo 衫时，避开有多余装饰、颜色鲜艳的款式。看着养眼、上身走样的绝对不能选。

NG

不合适的衣服

Polo 衫

这么穿！

休闲 ✕ 正式

即使系上所有纽扣
上下装的反差也
彰显活力！

Polo 衫
第 88 页

白色牛仔裤
第 104 页

80分
性价比最高

真皮
运动鞋
第 114 页

Polo 衫的穿搭法则

夏季常穿的Polo衫比T恤多个领子，单穿显得美观大方，作为商务装也十分得体。

不过，很多男性认为Polo衫百搭，这可是危险的误解。说到底，Polo衫搭配不好就会穿出大叔气质。所以，应该了解什么款式不能买，尽可能挑选有品位的Polo衫。

Polo衫的搭配关键在于同裤装协调。蓝色牛仔裤搭配黑色Polo衫，对比鲜明；藏青色Polo衫搭配黑色牛仔裤，成熟稳重。相较而言，藏青色或黑色的Polo衫与白色牛仔裤的清凉搭配更适合夏季。只要稍微花点心思就能穿搭得体，记住两个法则：上下统一深色调显得稳重，上下撞色显得清爽。

Polo衫不仅适合单穿，也适合内搭，外面穿上西装外套或开衫，干练简洁。去餐厅就餐，参加商务休闲活动，这样搭配就合适。而且，最好系上第一颗纽扣，显得合身。

蓝色牛仔裤

合身的牛仔裤
有拉长腿部的效果!

如何挑选

- 挑选向裤脚处逐渐收拢的锥形牛仔裤。较瘦的人最好挑选紧身牛仔裤。
- 颜色挑选稍稍褪色的蓝色，不可太深或太浅。

品牌推荐

- 最合适的就是优衣库，不逊色于高级品牌。
- 追求高品质的话，推荐李维斯、RED CARD。

尺码推荐

- 挑选修身款。
- 理想的裤长是裤脚稍稍触碰鞋面。

这条裤子
不合适

最容易误选的就是膝盖到裤脚粗细相同的老气的直筒裤。此外，裤脚太长显得松垮，过度做旧、破洞设计看起来不整洁，都不合适。

NG
不合适的裤子

蓝色
牛仔裤

这么穿!

休闲 × 正式

裤脚卷起更显洒脱

西装外套
第 32 页

蓝色牛仔裤
第 92 页

针织衫
第 36 页

真皮
运动鞋
第 114 页

80分
性价比最高

蓝色牛仔裤的穿搭法则

说起经典的裤装，肯定少不了蓝色牛仔裤。

正因为经典，大多数人对其穿搭概念依然停留在学生时代。建议扔掉几年前买的旧款，重新挑选符合当下潮流及适合自己的款式。

挑选牛仔裤的关键在于挑选版型。相比价格，更重要的是裤子要贴合腿形。

蓝色牛仔裤能够给偏正式的上装增添些许休闲元素。藏青色西装外套、立式折领大衣、切斯特大衣及带领衬衣都非常适合搭配蓝色牛仔裤。与此相反，搭配T恤、卫衣等休闲款单品时，就得多加注意，毕竟全身休闲元素过多的穿搭不适合成熟男性。

鞋子方面，适合搭配稍显正式的真皮运动鞋、乐福鞋。总之，注意穿搭协调，不要过于休闲。

黑色牛仔裤

不能太紧，适度修身的款式
可以修饰腿形。

如何挑选

- 挑选没有多余装饰的基本款。
- 选择贴合腿部的修身款。

品牌推荐

- 优衣库就不错。
- 预算提高一些的话，可选 NANO universe。

尺码推荐

- 挑选适度修身的尺码，但不能太紧。
- 建议挑选修身款。较瘦的人推荐紧身款。
- 裤长同蓝色牛仔裤（参见第 92 页），裤脚稍稍触碰鞋面。

这条裤子
不合适

紧紧裹在身上的黑色牛仔裤的失败案例很常见，腿部、臀部线条完全暴露，会招致女性反感。破洞等特殊设计也不合适，不好搭配。

NG
不合适的裤子

黑色
牛仔裤

这么穿！

休 × 正
闲 　 式

利落的休闲感！

T恤
第 80 页

饰品
第 146 页

手表
第 142 页

黑色牛仔裤
第 96 页

真皮
运动鞋
第 114 页

80分
性价比最高

黑色牛仔裤的穿搭法则

近年来，黑色牛仔裤一直是必备单品。与蓝色牛仔裤相比，黑色牛仔裤的色彩对比效果更为明显，给人以简洁、正式的印象，而且一年四季都适合穿着。

黑色牛仔裤适合搭配休闲风格的上装。比如卫衣就适合搭配黑色牛仔裤，而不是蓝色牛仔裤，因为黑色牛仔裤能够减弱卫衣的休闲感。不妨尝试一下藏蓝色西装外套和黑色牛仔裤的搭配。藏蓝色西装外套、条纹 T 恤和黑色牛仔裤虽然是深色系的组合，但其间微妙的色差能够营造出时尚感。此外，黑色牛仔裤也可以搭配米色立式折领大衣等浅色的单品。上装比较鲜亮时，用裤装加以平衡，这也是黑色牛仔裤的穿搭法则之一。

黑色裤装略显沉闷，可用白色真皮运动鞋提亮。如果穿皮鞋等正装鞋，就会显得死板。

西装裤

　与正装略有差别，适合日常穿着。

如何挑选

- 选择朝向裤脚逐渐收拢的锥形款。
- 选择灰色或藏青色（黑色亦可）。
- 材质建议选择羊毛，容易清洗的涤纶也值得推荐。

品牌推荐

- 优衣库的九分裤就非常不错。
- 预算稍多一点的话，可选 GLOBAL WORK、green label relaxing。

尺码推荐

- 虽然现在流行宽松款，但建议选择经典的锥形款。
- 裤脚保持挺直，且裤脚和鞋子之间留有一段距离（商务款西装裤盖住脚踝，休闲款的裤脚则稍短）。

这条裤子
不合适

看着不错的格纹其实很难搭配，不适合。"裤装不能成为主角"这点要牢记。

NG 不合适的裤子

西装裤

这么穿！

休闲 × 正式

鞋子和西装裤之间
留出空隙。

针织衫
第 36 页

西装裤
第 100 页

80 分
性价比最高

真皮
运动鞋
第 114 页

西装裤的搭配法则

说起西装裤，大多数人会想到笔挺的正装裤。西装裤指的是裤缝中央带折痕，材质为羊毛、棉、涤纶等的裤装。穿上这种裤子，瞬间有型不少。相比牛仔裤，西装裤更显成熟。感觉全身太过休闲的话，配上一条西装裤是不错的选择。

春夏季节，建议配船袜，稍微露出脚踝。秋冬季节，最好配上带有花纹的装饰性长袜，在有限的空间中增加西装裤的休闲感。

西装裤偏正式，因此可以搭配西装外套、切斯特大衣等同样偏正式的单品。但是，大胆搭配休闲款单品，也能彰显时尚感。卫衣等休闲款单品就很适合搭配西装裤。最近，也有尼龙夹克等运动款单品和西装裤的流行穿搭。

西装裤要搭配运动鞋，皮鞋可不行，商务气息太重。总之，牢记尽可能搭配休闲款的鞋，这是西装裤的穿搭诀窍。

白色牛仔裤

摆脱束缚，大胆尝试白色
牛仔裤。

如何挑选

- 白色属于膨胀色，应挑选偏修身的款式。
- 有些白色偏黄，最好挑选有清洁感的纯白色。

品牌推荐

- 白色不耐脏，购买优衣库的牛仔裤就可以。
- 预算稍多一点的话，可选 RED CARD。

尺码推荐

- 挑选修身的锥形款（大腿部位宽松一些，避免包裹太紧）。
- 较瘦的人，建议挑选紧身款；体形普通或发胖的人，推荐修身款。
- 裤长同黑色牛仔裤一样，裤脚稍稍触碰鞋面。

这条裤子
不合适

同为浅色的裤装，米色就容易让人感觉像退休大叔。米色虽然给人以安心感，但并不一定百搭，很容易显得俗气。

NG
不合适的裤子

白色
牛仔裤

这么穿！

休闲 × 正式

羽绒服
第 76 页

裤脚挽上去
3 厘米左右，步
都会变得轻快！

针织衫
第 36 页

白色牛仔裤
第 104 页

80 分
性价比最高

皮鞋
（乐福鞋）
第 118 页

白色牛仔裤的穿搭法则

裤装中，搭配门槛最高的可能就数白色牛仔裤了。相比深色调，白色的最大特点就是明亮。虽然很少有人尝试，但它意外地适合几乎所有人。不同的人穿上时会呈现出不同的美感，白色牛仔裤绝对能够给你的穿搭加分。全身深色系确实显得沉稳，但也使人略感乏味。感觉缺点什么的时候，不妨尝试一下白色牛仔裤。只此一件，整个人都会焕然一新。

建议首先从优衣库的白色牛仔裤开始尝试。起初可能不习惯，多穿几次就能找到感觉。记住一条法则：白色牛仔裤就得搭配深色系，尤其是藏青色，藏青色的西装外套、立式折领大衣、切斯特大衣均可。

此外，白色牛仔裤同样适合搭配尼龙夹克、羽绒夹克。白色的高级感和尼龙夹克的轻快感相得益彰。

如第 106 页插图所示，白色牛仔裤适合搭配乐福鞋，但感到别扭时，也可搭配藏青色或黑色的真皮运动鞋。

短裤

尺寸是关键，选对长度
才能穿出成熟感！

OK
合适的短裤

如何挑选

- 选择纯色基本款。
- 选择藏青色、黑色等深色系。

品牌推荐

- 一开始，可尝试优衣库的短裤。
- 舍得投入的话，可选 green label relaxing、NANO universe。GRAMICCI 也值得推荐。

尺码推荐

- 太紧或太松都不行，挑选同腿部保持适度空隙的款式。
- 长度在膝盖以上 5～7 厘米最佳（超过 10 厘米则太过休闲）。

这条短裤
不合适

过膝的半长短裤绝对不行。腿露出的部分较少，显得很短。此外，裤脚外翻露出横条纹、斜插口袋等都显得幼稚，不合适。

NG 不合适的短裤

短裤

这么穿！

休闲 × 正式

适合搭配
稍显正式的衬衣。

太阳镜
第 140 页

条纹衬衣
第 52 页

短裤
第 108 页

手表
第 142 页

80分
性价比最高

一脚蹬
运动鞋
第 124 页

短裤的穿搭法则

提到酷暑天气的裤装，大家肯定会想到短裤。不过，为了凉快而裸露更多肌肤会显得幼稚。挑选时，以款式简洁的黑色或藏青色为主。

穿短裤时要注意处理汗毛，放任不管会显得邋遢，可使用专用剃毛刀修整成自然长度。当然，完全剃光的话会缺乏男性魅力。

短裤属于休闲款单品，因此上半身的穿搭很重要。如果搭配 T 恤，则全身太过休闲。建议搭配稍显正式的上装，白色或条纹亚麻衬衣就不错。衬衣的正装感可为短裤增添几分成熟气质，挽起袖子，更显洒脱。

此外，鞋子的搭配也很重要。凉鞋过于随意，最好选择款式简洁的白色或黑色真皮运动鞋。如需正式一些，可搭配乐福鞋。还有袜子也要注意，不能长过脚踝，船袜最合适，如同没穿袜子一样，不但舒服，还显腿长。

第二章
选择小物件
比想象中简单

1 秒钟判断出合适的小物件
和不合适的小物件

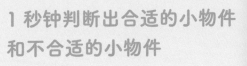

衣服挑好了，接下来轮到小物件。同样，先对比合适的小物件和不合适的小物件。按照男性的心理，相比服装，或许更愿意在小物件上投资，拥有一些高品质的小物件。

　　弄清自己想要的小物件种类之后，需要确认如何挑选及品牌。如条件允许，可挑选品质好一些的小物件，让自己看起来更有型。

运动鞋

黑、白两种颜色必备,
适合搭配所有裤装的万能运动鞋!

OK
合适的鞋子

如何挑选

- 选择真皮材质,正式又利落。
- 白色基本款必备,最好再准备一双黑色的同款鞋。

品牌推荐

- 如预算不多,可选 GU、GLOBAL WORK,虽然是合成皮革,但肉眼难以分辨出来。
- 最合适的就是阿迪达斯的斯坦·史密斯。脚后跟的品牌标识(logo)大小适中,且穿着舒适。
- 舍得投入的话,可去 UNITED ARROWS、NANO universe 等精品店选购。由于不带 logo,更能彰显成熟品位。

这种运动鞋
不合适

品牌 logo 较大的款式不合适。此外,量贩店的旅游鞋穿起来显得老气,也不能选。

NG
不合适的鞋子

推荐单品

新百伦运动鞋（M998）

品牌 logo 明显的款式不要选，但新百伦例外。因为它是休闲的鞋款，所以也适合搭配西装外套等偏正式的单品。而且，该品牌的舒适性广受好评，长时间穿着脚也不会感觉酸痛。它的设计也很经典，受到许多有品位的人士的青睐。真皮和网眼组合的 M998 尤其值得推荐。

运动鞋的搭配法则

运动鞋是假日必备单品，既舒适又容易搭配，任何人都可以来一双。近来受到运动鞋热潮的影响，可选的款式越来越多，不过还是建议各位准备一双款式简洁的真皮运动鞋。

白色运动鞋必不可少。全身衣服色调偏暗时，脚上有一些白色会显得明快。白色真皮运动鞋的最大魅力在于百搭，蓝色牛仔裤、黑色牛仔裤、西装裤全部可以搭，都不会出错。不过，有一种裤子例外，那就是白色牛仔裤。

同款的黑色运动鞋建议也准备一双，黑色运动鞋比白色的更沉稳，甚至让人感觉像皮鞋。想显得正式一些，穿它就没错。搭配蓝色牛仔裤或白色牛仔裤显得利落，搭配西装裤也不错。总之，黑色运动鞋是商务休闲风格的百搭单品，准备一双不会吃亏。不过，最好不要选择全黑的设计，脚跟部分带些白色的更佳，可以营造出适度的休闲感。

皮鞋

只要穿上就变得有型！
传统鞋类不能买太便宜的！

如何挑选

- 推荐乐福鞋。与系带鞋相比，乐福鞋更加轻便、舒适。材质选择真皮。
- 颜色推荐深棕色或黑色。
- 选择没有光泽感的翻毛皮材质。

品牌推荐

- 建议去 green label relaxing、SHIPS、NANO universe 等精品店购买。
- 商务休闲场合也适用，可购买品质稍高的。
- 如预算不多，推荐 GLOBAL WORK。虽然它是合成皮革材质，但打理方便。

这种皮鞋
不合适

商务风皮鞋不适合日常穿着，特别是光亮的棕色皮鞋太过扎眼。此外，尖鞋头也不受女性欢迎。

NG
不合适的鞋子

推荐单品

其乐（Clarks）沙漠靴

拥有一双翻毛材质的沙漠靴，穿搭会方便不少。包裹脚踝的设计和橡胶材质的鞋底会营造出惬意感。其乐的沙漠靴非常具有代表性，其中米色款与蓝色牛仔裤最搭。秋冬季节推荐深棕色的沙漠靴。

皮鞋的搭配法则

说起皮鞋，多数人会觉得它是上班时才穿的鞋子，其实不然，在节假日也能穿。皮鞋款式多样，节假日穿沙漠靴等休闲鞋舒适又轻便。

乐福鞋有提升休闲装质感的作用，例如短裤和亚麻衬衣搭配，再加上一双轻便的乐福鞋，便可凸显成熟气质。乐福鞋还能削弱蓝色牛仔裤的休闲感。当然，西装裤也可以搭配乐福鞋。不过，衬衣、西装裤、乐福鞋的穿搭难免让人感觉是去上班，不妨大胆尝试 T 恤、牛仔裤和乐福鞋的搭配吧。

春夏季节穿短袜，步履生风。秋冬季节将袜子露出一点，可以起到装饰作用。搭配细条纹袜子，则能凸显休闲气质。

此外，还可以搭配白色袜子（参见第 128 页），不过难度较高。

凉鞋

兼顾功能及设计，
不被流行左右的成熟感凉鞋。

如何挑选

- 选择极简款。
- 颜色首推彰显成熟气质的黑色。
- 推荐第 122 页图中的沙滩鞋，两条鞋襻极具装饰性，还能调节松紧。

品牌推荐

- 推荐勃肯（BIRKENSTOCK）的 Arizona 系列。其中的 EVA 采用轻便防水的材料。
- Teva 的 Hurricane 凉鞋也值得推荐。三点固定的设计不仅适合户外，也适合日常穿着。
- 虽然网购很方便，但还是建议试穿之后再购买。

这种凉鞋
不合适

最近流行的洞洞鞋很难穿出成熟气质。特别是红色、白色、绿色等花哨的颜色，切勿挑选。

NG
不合适的鞋子

OK
合适的鞋子

推荐单品

Riviera 一脚蹬运动鞋

夏季常穿的一脚蹬运动鞋，其网眼设计既凉快又有装饰性。颜色首选容易搭配的藏青色。挑选休闲风格的鞋子时，应选择传统的颜色。这款一脚蹬运动鞋可以搭配大多数裤子，从短裤到白色牛仔裤均可，内搭船袜，步履轻松。

凉鞋的穿搭法则

酷热的夏季自然少不了凉鞋，它轻便舒适、透气、凉快，其他休闲鞋都难以比肩。最经典的凉鞋当是勃肯的沙滩鞋，其中全黑的 EVA 材质的款式最能彰显成熟、时尚的气质。此外，Teva 凉鞋也受到时尚人士的钟爱。敢于挑战的话，可以试试 Teva 凉鞋搭配袜子，特别是深浅两种颜色撞色的袜子。

凉鞋十分容易搭配，短裤和黑色、蓝色、白色的牛仔裤都能搭。稍显正式的西装裤与凉鞋搭配，也会增加几分休闲感。

顺便提一下，搭配裤装时应注意裤子的长度。如果是牛仔裤，建议选露出脚踝的九分裤。如果是西装裤，则以九分半的长度为宜。稍微露出一点皮肤，与凉鞋更搭。

但是，如果是"T 恤 × 短裤 × 凉鞋"的搭配，就会显得过于休闲。成熟男性全身上下必须有正式一些的元素。建议将 T 恤替换成衬衣，增添成熟感。

袜子

用心挑选，注重细节。

如何挑选

- 袜子大体分为两种：一种是具有装饰性的条纹袜，另一种是隐藏在鞋内的船袜。
- 装饰性的袜子包括"黑色（藏青色）× 白色"的条纹袜、字纹袜，建议选择细条纹款。
- 为了方便，船袜统一选择黑色。

品牌推荐

- 条纹袜推荐 UNITED ARROWS，四季穿的优雅条纹齐备。
- 船袜选择优衣库就行。品质高一点的品牌，推荐 FALKE。

这种袜子
不合适

半长的运动短袜不合适，要隐藏就完全隐藏。此外，黑色的商务风格的长袜同样不合适。

NG
不合适的袜子

推荐单品

优衣库白色袜子

近年流行的白色袜子，或许有人会感到太逊了。但是，如上图所示搭配乐福鞋、真皮运动鞋，别有一番随意感。裤装方面，蓝色牛仔裤与之很搭。此外，纹路较细的袜子更有型。可以从优衣库等平价品牌的白色袜子开始尝试。

袜子的穿搭法则

时尚小物件中，袜子显得很不起眼。因为外露的部分较少，很多男性都是随意挑选。

不过，袜子可是令人意想不到的重要单品。即使全身穿搭时尚，袜子随意也会显得邋里邋遢。

再小的地方也不能疏忽，袜子需要仔细挑选。

袜子的搭配其实很简单，按季节分类就行。

春夏两季穿船袜，脚部显得清爽。尤其是穿短裤时，搭配船袜最合适。身着牛仔裤、西装裤等长裤时，稍稍露出脚踝也显得轻快。

秋冬季节需要好好包裹脚踝，此时就选条纹袜。

从休闲的牛仔裤到正式的西装裤，条纹袜与各种裤装均能协调搭配。

"5月至9月配船袜，10月至次年4月配条纹长袜"，记住这条规则就行。

托特包

适合成人的真皮托特包！
如果经常使用，不妨多投资一些。

如何挑选

- 选择极简款。
- 选择真皮材质。价格低的托特包会呈现出不自然的光泽，还是需要多投资一些。
- 选择黑色或藏青色。
- 推荐宽 35 厘米以上的尺寸（太小会被误认为是女性用包）。

品牌推荐

- 推荐 green label relaxing 的托特包，大小合适，轻便且耐用。
- 舍得投资的话，可选 UNITED ARROWS。真皮显得厚重，可搭配出商务休闲风。
- 价格稍低一些的，可选 GLOBAL WORK。虽然它是人造皮革，却显得高档。

这种托特包
不合适

装饰杂乱的托特包不要选。色彩过多、过于强调设计的款式都显得廉价。

NG
不合适的包袋

推荐单品

ORCIVAL 帆布托特包

　　想显得随意一些，推荐帆布托特包。它比真皮包更休闲，越用越爱不释手。白色、象牙白等亮色款很经典，但看起来过于休闲，建议挑选黑色、藏青色等深色。纯色的托特包与成年人的成熟气质相匹配。

托特包的穿搭法则

节假日背的话，推荐真皮托特包。如今，这类男包的功能性也日渐成熟，能够装许多物品，肩背、手提都行，使用起来很方便。

在周末来一场不带行李的轻便旅行的男性越来越多。托特包可以收纳钱包、手机等许多物品，方便实用，非常适合这种旅行。即使携带物品不多，托特包也可以作为饰品，给人留下不错的印象。

真皮托特包与各种服饰搭配都很协调，从西装外套等偏正式的服装到 T 恤等休闲装，几乎百搭。它不仅能为日常生活提供便利，也能在商务场合发挥作用。

与此相比，"T 恤 × 短裤"这种纯休闲风就不太得体。单品之间的风格相差太大，有时也难以达到理想效果。想显得休闲一些，可以试试搭配帆布托特包。

款式方面，肩背、手提均可，但手提款更显成熟。总之，根据场合选择合适的款式即可。

双肩包

搭配成熟气质的单品时，略显幼稚
的双肩包也能瞬间有型起来。

如何挑选

- 选择简单、成熟的款式。
- 选择黑色。
- 正因为简洁，才要注意挑选品牌。建议去精品店购买。

品牌推荐

- 运动风格的 BEAUTY & YOUTH 及 BEAMS 性价比较高。
- 户外品牌，推荐北面、始祖鸟。
- 专业品牌，可去 Aer、PORTER、Standard Supply 等精品店选购。

这种双肩包
不合适

不需要这样的装饰，此外，品牌 logo
显眼的、颜色鲜艳的均不合适。

推荐单品

green label relaxing 挎包

　　最近几年流行的挎包是一种带按扣的小包，比普通单肩包更加扁平、简洁，适合休息日逛街、散步时背。

　　建议选择设计简洁的黑色款。怎么背也很重要，它不是像普通单肩包那样背在后背，而是挂在腰前。因此，肩带长度须调节至肚脐上方，以保持整体协调。

双肩包的穿搭法则

从功能性的角度出发，大多数男性认为能够解放双手的只有双肩包。但是，双肩包缺乏成熟气质，容易给人土气之感。

重视功能性的商务双肩包和第 135 页的运动品牌双肩包搭配不好的话，背起来就像大叔。

建议尽可能挑选符合成熟男性气质的不带装饰的双肩包。

给人以休闲感的双肩包实际上极其适合搭配正装。白色衬衣、条纹衬衣就与双肩包很搭。

此外，立式折领大衣、切斯特大衣等也适合搭配双肩包。

给比较正式的服装加入些许休闲元素，这就是双肩包的作用。相反，T 恤、卫衣等休闲服饰搭配双肩包会显得学生气。

用惯双肩包的男性应注意全身休闲元素的平衡。

眼镜

选择大众款式，反而可以改变形象。

如何挑选

- 选择塑料材质。
- 款式可选第 138 页图中人物佩戴的惠灵顿型或第 138 页右下角的方形眼镜。
- 想稍微时尚一些，可选带圆角设计的波士顿型。
- 颜色推荐干练的黑色或给人以斯文印象的棕色。

品牌推荐

- 推荐 POKER FACE、EROTICA 等专业的精品眼镜品牌。
- 如果预算不多，可选择 JINS、OWNDAYS。
- 试戴时多听取店员意见，慎重挑选。

这种眼镜
不合适

颜色超过两种或者带花纹的，过于强调个性，不易搭配。

NG

不合适的眼镜

OK
合适的眼镜

推荐单品

UNITED ARROWS、BEAMS 的太阳镜

很多人不擅长挑选太阳镜，但这是阳光强烈的环境下必不可少的单品。挑选方法同眼镜一样，以惠灵顿型或波士顿型为宜，颜色可选黑色或棕色。

太阳镜可挂在胸部口袋或胸口，作为配饰。刚开始或许感觉很不搭，戴上一段时间就会习惯，绝对要尝试一下。

眼镜的搭配法则

因为人的视线通常会聚集在脸部，所以挑选眼镜要慎重，尽量挑选简洁时尚的款式。

镜架材质可分为金属和塑料两大类。前者给人以严肃的印象，后者则较为休闲。这里，推荐塑料镜架。黑色显得时尚，棕色同皮肤颜色相近，看上去温和。

挑选眼镜的关键在于挑选形状。如果想要一副各种场合都适用的眼镜，就选方形款，任何人看着都顺眼，且适合任何人。想要时尚又接地气的话，不妨挑选圆形的波士顿型眼镜。这款散发着复古风的眼镜会成为你身上重要的时尚单品。不过，波士顿型的眼镜设计很有特点，不是所有人都适合。

汲取两种眼镜优点的就是惠灵顿型，不用考虑年龄和佩戴场合，任何人都能轻松驾驭。

许多男性喜欢挑选椭圆形镜片的眼镜。但是，这种款式过于普通，也不够帅气。

作为流行款式，仅连桥（连接左右镜片的部分）采用金属材质的混合镜架也值得推荐，现代感十足，时尚且不落俗套。

手表

不能说"有手机就行"，手表可是男性的
重要配饰。

OK
合适的手表

如何挑选

- 选择休闲的黑表盘，尤其推荐军用手表、潜水手表。
- 选择黑色款，休息日佩戴也很时尚。
- 在精品店同服饰一起购买就不会出错。

品牌推荐

- 推荐价格适中、设计沉稳的精工 PROSPEX 的 LOWERCASE 联名款（通过精品店特别定制，不容易同他人"撞表"）。
- 军用表天美时（TIMEX）、HAMILTON 等可从 BEAMS、UNITED ARROWS 等精品店购买。

这种手表
不合适

表盘设计过于复杂，且三种以上的颜色让人感到晃眼，不易搭配。

OK
合适的手表

推荐单品

苹果手表

　　10 年前掀起手表新潮流的苹果手表，现在已逐渐日常化，但是，仍然有不少人能够搭配出时尚感。

　　想让苹果手表显得有型，关键在于替换表带。硅胶制的表带运动风格过于强烈，建议替换成不锈钢表带或黑色真皮表带。表盘可自由选择，但时钟表盘更显成熟，值得推荐。

手表的搭配法则

"用手机就能掌握时间，还要什么手表。"有这种想法的男性不在少数。确实，只是想掌握时间的话，手表并没有多么重要。

不过，到了春夏时节，手腕露出的机会多了，有没有手表给人的印象会大为不同。通过之前的介绍可知，手表能够给人以时尚干练之感，不妨佩戴一块。

手表种类多样，选购时不必纠结品牌。在能够接受的价位内，挑选简洁、有型的手表就好。

建议从精品店选购一款专业级的设计简洁的潜水手表，这种手表同成年男性的成熟特质相符，既适合搭配衬衣、针织衫等偏正式的服装，也能搭配 T 恤、卫衣等休闲服饰。

手表拥有一块就足够，关键在于穿搭。

潜水手表虽然不太适合在正式的商务场合佩戴，但与 T 恤、西装裤的休闲穿搭十分协调，建议准备一块。

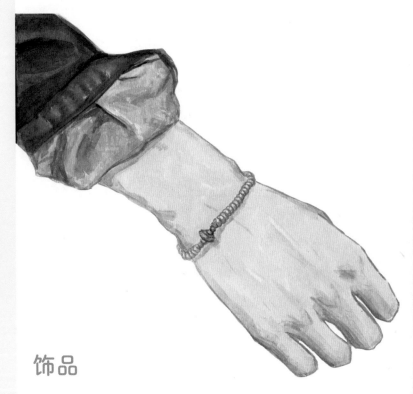

饰品

弥补夏季美中不足的时尚配饰，
越简洁越好。

OK
合适的饰品

如何挑选

- 推荐款式简洁的手链。
- 可选珠子、石头组成的简洁款式（不要选择缠绕手腕几圈的款式，推荐单圈款式）。

品牌推荐

- 石头手链推荐 SunKu。该品牌有很多使用古雅珠子、天然石材的手链。
- 使用真皮、珠子制成的手链推荐从精品店购买原创品牌。
- 可从 ZOZO、乐天等网店购买。

这种饰品
不合适

项链等脸部周围的配饰太扎眼，容易给女性留下不好的印象。此外，耳钉、戒指、裤链等多种配饰一起搭配也不合适。

NG
不合适的饰品

OK
合适的饰品

推荐单品

NANO universe、BEAMS 的银质或铜质手镯

　　除了手链，C 字形的手镯也值得推荐。它比珠子、石头更有光泽感，显得时尚、有品位。建议选择宽 5 毫米左右的简洁款手镯，低调不张扬。

　　预算稍微提高的话，推荐 amp japan、PHILIPPE AUDIBERT 的手镯。

饰品的搭配法则

谈及饰品，不少人可能觉得门槛太高。但是，这种担心是多余的。稍微掌握一点诀窍，任何人都能轻松买到合适的饰品。

本书介绍的单品都是基本款，加上一点配饰，就能从普通变成有型。但是，要记住全身的配饰（包括手表）应控制在两件以内。所以，有一条简单的手链就足够了。

春夏季节衣装单薄，就轮到手链上场了。随着气温逐渐升高，手臂露出的机会越来越多。这时一条手链就能成为恰到好处的点缀。例如：单穿一件 T 恤时总感觉有些单调，戴上手链就会显得时尚不少；穿亚麻衬衣时，可将袖子挽起，让手腕上的珠子或石头做成的配饰成为亮点。

到了秋冬季节，手链露脸的机会减少。但是，手链在袖口间若隐若现也会让人感觉有格调。正是这种与众不同，才给人更多惊喜。不妨尝试一下，从基本款开始挑战。

围巾

过于朴素或过于华丽都不推荐，
建议选择点缀得恰到好处的围巾。

如何挑选

- 推荐正反面双色款。
- 颜色可选"藏青色 × 蓝色""深灰色 × 亮灰色""藏青色 × 棕色"等组合。
- 材质最好是羊毛或开司米（腈纶等化纤材料容易起球）。
- 挑选花纹时，建议选择格纹或千鸟格，简洁又有品位。

品牌推荐

- 预算提高一些的话，可从 UNITED ARROWS、SHIPS、EDIFICE 等精品店选购，质地精良的围巾会提升大衣的高级感。
- 专业品牌方面，推荐 BEGG × CO，花纹有格调，容易搭配。

这种围巾
不合适

多种颜色混搭的条纹太俗气，不建议选购。此外，黑色、灰色太过乏味，缺乏装饰效果。

NG
不合适的围巾

OK
合适的手套

推荐单品

Harris Tweed 人字纹手套

同围巾一样，手套也是不可或缺的防寒配饰，过于朴素或过于华丽都不可取。推荐灰色或藏青色的人字纹手套。搭配素色大衣时，手部有花纹点缀显得时尚。

另外，全皮材质的手套非常适合搭配西装，但难以搭配休闲风格的服饰。所以，最好挑选羊毛、开司米等材质的手套。

围巾的搭配法则

冬季的防寒物品中绝对少不了围巾，既然要用，就挑选有型的，方便搭配。

建议选购开司米材质的围巾，虽然价格稍高，但亲和肌肤，还显得雅致。

因为围巾是围在脸部周围的，所以特别显眼。不妨多投资一些，选择质地精良些的。

搭配方面，围巾适合搭配较长的立式折领大衣、切斯特大衣，尤其是领口敞开的切斯特大衣。一条合适的围巾不仅可以保暖，也能起到很好的装饰作用。

灰色系围巾最适合搭配藏青色大衣，此外，以同色系的藏青色为底色的双色围巾也较容易搭配。

围巾的系法多种多样，最传统的是绕脖子一圈。当然，倒也不必太注重围巾的系法，选择质地精良的就不会出错。

第三章
穿搭得体
比想象中简单

前所未闻的时尚概念
一次掌握

合适的衣服和小物件选好之后，还差一步就能变得有型。

前文未提及的时尚概念，将在本章进行讲解。

"试穿""体形""流行""发型"等问题全部能在本章中找到答案。

您可以只阅读自己感兴趣的内容，本章一定能让您变有型。

1　试穿太麻烦?

试穿之后不买也没关系，穿上 3 分钟之后再决定

本书介绍了 1 秒钟挑选衣服的方法。但是，最关键的一点千万不能忘记，那就是试穿。

如今在网络上就能够轻松买到各种衣服，想必阅读本书的各位也都有网购的体验。但是，衣服到货穿上身之后才发现不合适的情况并不少见。网上购物固然方便，但更适合穿搭高手。

我们需要准备的是款式基础、易于穿搭的衣服。因为是基本款，穿上身后是否合身极为重要。**即使同样是 M 码，不同品牌的版型也会有所差别。**人的体形各不相同，衣服尺寸相同却不合身的情

况时有发生。

因此，你即便觉得麻烦，也要坚持试穿，以免之后穿搭时犹豫不决，这样每天也会更加轻松。

"选择合身的衣服"是购买衣服的基本法则，但很多人做不到。就算是看起来大同小异的白衬衣，也尽可能别在第一家店看到就买。**多跑几家店，选择最合适的那件。**

比如，先在优衣库试穿，接着去 GLOBAL WORK、green label relaxing，最后再去 EDIFICE。逐渐提高价格，一间间试穿。经过对比之后，你或许会感到一分价钱一分货，也或许感觉不出差别。对时尚不敏感的人，很难觉察到其中的细微差异，这归根结底还是因为经验不足。除了价格，设计细节、面料质地、做工的精细程度、衣服本身的格调等或许只有专业人士才能分辨出来。

试穿过各种服装后，你才能通过肌肤的感受

发现差异。摸一摸就买，从失败中吸取经验的购买方法太过低效。应多多试穿，在此过程中提高时尚经验值。

"试穿至少 5 次再买"的法则

试穿的好处有很多。我们经常会购买款式雷同的衣服，但是无法摆脱固有习惯的话，很难撕下"土里土气"的标签。因此，积极尝试以前没有穿过的衣服吧！

比方说，第 56 页介绍的小立领衬衣，不少人都没购买过，即使摆放于店里显眼的位置，或许也会被刻意忽略。刚穿上它的瞬间或许会感到别扭，但过一会儿也许就习惯了。我将其总结为"**3分钟定律**"。别急着下"不合适"的结论，耐心等待 3 分钟。不妨对店员说："能让我多感受 3 分钟吗？"

　　你试穿之前不能暗示自己"肯定不合适"，应保持平和心态。穿上去会有什么样的感觉？看着别扭，不过也很有趣？抱有打破固有想法的决心的话，服装的挑选范围会逐渐变宽。

　　试穿之后不买也没关系，店员对这样的事司空见惯，不太介意。你刚开始就大胆谢绝，慢慢就会习惯，遵循"试穿至少5次再买"的法则即可。"感觉不合适，这次先不买了。""我再考虑一下。"先将说辞想好，脱口而出时也就不觉得尴尬了。冷静一阵之后，仍然认为需要就买下。综上所述，为了每天能够开心穿搭，请务必掌握试穿的诀窍。

2 对自己的体形不满意？

利用穿搭修饰 4 种有代表性的身材

　　人的体形各不相同。如果拥有模特身材，自然穿什么都好看。遗憾的是，拥有模特身材的人只是极少数。太矮、太胖、过瘦、腿不够长……每个人或多或少都有一些体形方面的烦恼。这些烦恼基本可以通过服饰穿搭来解决，运用**一些小技巧就能隐藏身材上的不足**。为了让你更加自信，下面针对 4 种有代表性的身材介绍穿搭技巧。

① 个子不高

想看上去高一些，关键在于**表现修长感**。高度相同的正方体和长方体，绝对是长方体看起来更高。

衣服不能太宽松，合身的款式看起来更清爽、利落，并且更有拉长效果。此外，衣服的花纹也要好好利用。横条纹显得身宽，竖条纹则有拉长效果，参见第 52 页的条纹衬衣。

② 身材发胖

男性过了 30 岁难免会出现发胖迹象。如何显瘦成为穿搭时需要考虑的重要问题。首先，挑选颜色。颜色可分为收缩色和膨胀色两种，面积相同的情况下，黑色会比白色显瘦许多。将这个原理应用到穿搭上，就是积极选择黑色、藏青色等深色系的衣服，发挥显瘦效果。不过，全身黑色会显得过于沉闷，建议用藏青色上衣搭配黑色裤装，利用**深色系的微妙色差展现层次感**。此外，衣服的版型也很重要。太过修身的话，反而会将体形缺点直接暴露，应选择稍微宽松一点的衣服。

例如第 100 页的西装裤，大腿部分宽松，从膝盖以下慢慢收拢，加上裤子的折痕效果，让双腿看上去更为修长。

③ 身材过瘦

过瘦的人应有意识地**穿出分量感**。同身材发胖的人相反，应积极尝试膨胀色，例如白色衬衣、米色立式折领大衣、白色牛仔裤等浅色服装，让身体显得圆润一些。另外，我还推荐**叠穿**，例如在衬衣外面套上圆领针织衫，再穿上西装外套等。

这种搭配显得有层次，有分量。此外，西装裤不仅能够隐藏粗腿，还能让"竹竿腿"看起来饱满一些。腿部和裤装之间留一些余地，可以隐藏腿部的线条。

④ 腿不够长

因腿短而感到自卑的男性不在少数。对于这个问题，就得合理利用**错觉效果**。比如，将裤装和鞋子的颜色统一为黑色。**从远处看，裤装和鞋子如同一体，腿部显得更加修长**。此外，上装的长度也要注意。衣摆过长的款式会减少腿部露出部分，显得腿短。因此，购买 T 恤、衬衣时必须确认衣长是否合适。如果感到太长，可以改短。

综上所述，我们已经找到了适合 4 种有代表性的身材的穿搭方法。体形的缺陷在某种程度上能够通过穿搭来隐藏。当然，如果一味地隐藏，反而会徒增烦恼。有时候自己很在意，但很可能对方根本没留心。掌握一些隐藏体形缺陷的方法，挑选衣服时足够自信就行。

3　一定要盲从流行趋势吗?

盲从流行的时代已经结束,轻松面对"当下的自己"

　　时尚杂志、时尚电视节目中经常出现"最近流行××"的内容,时尚圈内确实存在流行风潮。不过,大家是否知道现在流行什么?想必很多人并不了解。这并不奇怪。曾经,流行似乎离我们很近。但是,随着互联网的发展,杂志、电视的影响力日渐消退,街头人们的穿着打扮不再趋同,变得更加多元且充满个性,价值观也愈加多样。对于广大男性而言,很多人不愿意朝着同一方向追求所谓的"流行"。结果,流行渐渐成为时尚圈人士、少部分关注时尚的人士的"**兴趣世界**"。

　　流行风潮其实一直在缓慢变化。例如，就版型而言，最近几年流行修身款。**流行风潮会经过初期、中期、后期三个时期。**初期是时尚先锋引领潮流的时期；中期是逐步被普通人接纳，并形成常态的时期；到了后期，对时尚不敏感的人也加入其中，所有人都习以为常。

　　会打扮的人往往从中期开始就会朝着完全相反的方向探索。如果当时流行修身款，他们就会尝试宽松版型。等到原本小众的宽松肥大风开始流行，他们又回归修身款。**流行就是不断循环的。**

　　流行风格会因时代而异。有的时代流行简洁、修身的服装，有的时代流行复杂且极具冲击感的设计，有的时代流行宽松的版型，有的时代流行让人费解的风格……

　　那么，作为成熟男性的我们应该如何应对流行风潮呢？

让外行人也能轻松面对流行趋势的方法

　　按照本书的理念，80 分的时尚就足够，没必要过于关注流行趋势，挑选简洁的基本款就行。既不能太过紧身，也不能太过宽松，**普通的款式绝不会出错**。与流行相对的是经典。无论时代如何变化，经典永远不变。

　　藏青色西装外套、白色 T 恤、圆领针织衫、蓝色牛仔裤、立式折领大衣，这些都是不会被时代左右的经典款。并且，经典款的服装与成熟男性非常契合，一点儿也不突兀。以经典单品为主的穿搭，绝不会让人感到别扭。话说回来，全身都是流行单品，也未必适合成熟男性。**对于流行单品，全身上下有一件就够了，在全身单品中占 20%～30% 最为理想**。

　　总之，以基本款为主，用流行单品稍加点缀

就好。

　　顺便提一下，始终绷着神经追求流行也不现实。杂志、网络上的流行资讯更新很快，难以追上。不过，建议各位要有意识地定期更新衣物。经典款的服装也会随着时代变化而有所创新。尺码、风格上还是会做细微调整的。换言之，**只要定期更新经典款服装，任何人都能在时代潮流中如鱼得水**。不管多高级的衣服，10年之后都有可能会被淘汰，风光不再。如果能每隔三四年就对自己的衣服重新审视，外行人也能轻松掌握流行的窍门。

4　对搭配感到无从下手？

不用在镜子前徘徊不定！
世界一流的穿搭术大公开

　　本书反复强调"挑选衣服的关键在于挑选款式""选择基本款单品的话，搭配就能很轻松"，这样想当然没有错。但是，还有很重要的一点，那就是休闲和正式要平衡。牢记这一点，穿搭水平才能快速提升。仔细观察那些土气、老气的穿搭，就会发现一个共同点，那就是全身过于休闲。带印花图案的 T 恤搭配米色的卡其裤、脚踏巨大品牌 logo 的运动鞋，完全没有正式一些的元素，休闲过头。

　　这是由于个人品位和时尚之间存在着鸿沟，

选择的衣服完全不适合自己。**随着年龄的增长，我们越来越不适合穿休闲服饰。**皮肤已经失去十几岁、二十几岁时的光泽，头发日渐稀疏，身材也开始走样，这些不完美通过服饰就能适当弥补，让我们一起变得有型吧！

"正式""休闲"，到底选哪个？

衣服也有个性。第一章中已经介绍过，衣服的个性大致分为"正式""休闲"两种。比如西装外套偏正式，蓝色牛仔裤偏休闲。详情请参照第172页，一起了解各种款式的个性吧！

穿搭的关键在于取得正式和休闲的平衡。了解衣服的个性，就能搭配得体。为了避免一边倒的休闲感，白衬衣、藏青色西装外套等偏正式的单品一定要有一件。

年纪越长，越适合穿正式一些的服装。30 多岁的话，准备一两件正式的衣服就够了。但是，40 岁至 50 岁的人，就需要添置更多正式的衣服。不过，**全身都是正式款单品的话，必然暮气沉沉。**比如，藏青色西装外套搭配白色衬衣，灰色西装裤搭配黑色真皮运动鞋，这些是商务休闲装，不是日常便装。可以将白色衬衣换成白色圆领针织衫，增加一些休闲元素。

此外，**价位高一些的服饰看起来也会更显正式。**比如 1000 日元的 T 恤和 5000 日元的 T 恤放在一起时，后者凭借质感、设计等细节会更显有型。全身都是优衣库的单品也没问题，但配上一件价格高一点的西装外套或大衣，可以提升整体的质感。

休闲单品、正式单品明细

休闲

① 短裤、凉鞋

② 横条纹 T 恤、卫衣、羽绒服、蓝色牛仔裤、新百伦运动鞋、一脚蹬运动鞋、双肩包、斜挎包、船袜

③ 纯色 T 恤、尼龙卫衣、白色真皮运动鞋、有花纹的袜子、帆布托特包

（休闲、正式兼具）
④ 小立领衬衣、Polo 衫、黑色牛仔裤、黑色真皮运动鞋、围巾、手套

⑤ 条纹衬衣、亚麻衬衣、圆领针织衫、沙漠靴、真皮托特包

⑥ 白衬衣、开衫、立式折领大衣、白色牛仔裤、乐福鞋、配饰

⑦ 藏青色西装外套、西装裤、切斯特大衣

正式

5 发型该怎样打理？

让人感到清爽就够了！

衣服换好了，但总感觉有哪里不对劲，这时可以将怀疑的目光聚焦到发型上。本书的主题是穿搭，但想要变时尚，发型也很重要。**衣着时尚，但发型随意，这样也是无法达到理想效果的。**和他人交谈时，我们通常会看着对方的脸。也就是说，打理好脸部周围的头发出乎意料地重要，并且女性对男性的发型特别敏感。因此，一定要将发型视为穿搭的一部分，认真打理。

话说回来，不在意发型的男性着实不少。很多男性总是光顾同一间理发店，同一种发型可以保持十几年。可是，再好的发型看久了也会令人生厌。

理发还是建议去美发店。在美发店，发型师会介绍当下流行的发型。即便如此，如果和发型师说"我想要理个清爽的发型"，多半难以达到理想效果。很多成年男性第一次去美发店时会感到尴尬。其实，可以多向同事、朋友甚至女朋友、妻子打听，请务必尝试一下美发店的服务。男性去多了之后，自然会觉得轻松自如。建议按每月一次的频率，定期去美发店打理发型。

不要吝惜早上的宝贵时间。

那么，我们这些成熟男性到底应该如何打理头发？是否选择潮流发型才合适？放宽心，不必过分关注发型。染发、烫发这些都不需要。有清爽感，看起来成熟就够了。

具体来说，就是**侧面和后面剃干净，露出额头**。日本演员反町隆史 2019 年的发型就值得推荐。他之前总是一头标志性的长发，如今的发型更清爽、成熟。或者，也可参考下一页列出的网站中的介绍。另外，理发之后的定型也要用心。建议理完发之后，**我们要向美发师详细咨询定型方法**。定型时，使用美发师推荐的定型剂会更轻松。总而言之，关键在于能够始终保持发型。

每天早上起床之后，请将头发淋湿浸润（仅用手沾水无法将头发捋顺）。接着，用吹风机吹干，再使用美发师推荐的定型剂定型。只要稍微花点时间，就能轻松保持发型的清爽感。

综上所述，为了使精心搭配的服饰看上去更加得体，发型也很重要。

介绍百搭发型的日本网站

① 型男研究所

https://otokomaeken.com/hair/4526

② TASCLAP

https://mens.tasclap.jp/a1664

③ 美丽 BOX 发型

https://www.beauty-box.jp/style/business/

6 衣物该如何清洁？

避免清洗过度，
学习正确清洁

　　休闲衬衣，你穿过几次后洗？工作穿的衬衣直接接触皮肤且褶皱明显，所以大多数人穿过一次就洗。与此相比，休闲衬衣通常披在 T 恤外面且最多穿半天，清洗频次因人而异。有的人穿过一次就洗，有的人穿一季也就洗一两次。那么，到底按什么频次清洗才好呢？

　　首先必须明白一件事：衣服越洗越旧。衣服在新的时候状态最好，随着穿着与清洗次数的增加会逐渐变旧。也就是说，清洗次数越多，衣服的使用寿命就越短。

① 接触皮肤的衣服

T恤、内衣等直接接触皮肤的衣物，穿过一次之后就需要清洗。可将这类衣服视为**消耗品**，最好每年汰换一次。

② 不接触皮肤的衣服

衬衣、针织衫等**上装**，穿过 3～4 次之后清洗就行。下装不必穿过就洗，在容易出汗的**夏季穿 2～3 次**再洗，**春、秋、冬季穿 5 次**再洗也未尝不可。

③ 外套

西装、大衣等外套，清洗频次更少一些。基本上，**每个季度清洗 1～2 次**。外套清洗过后容易

走样。因此，日常清理时，使用衣物清理刷轻轻
扫掉浮尘就行。不少人经常清洗外衣，建议减少
清洗次数。

④ 鞋子

　　成年男性大多热衷于打理商务皮鞋，但对休
闲鞋却不怎么在乎。其实，休闲鞋也只需每月简
单清理一次就行，这样就能在保持清洁的状态下
长久使用。如果是运动鞋，可以购买专用的清洁
剂。运动鞋的鞋底污垢会特别明显。建议使用三
聚氰胺海绵擦洗，这种海绵能够轻松去除污垢，
不妨一试。

衣服何时应该扔掉？

丢弃衣服的时机也要好好把握。洗过之后仍然皱巴巴的衣服显得邋遢，所以，需要定期换新。首先观察**衣领**，确认颈部周围是否松垮，那些熨烫之后仍然无法恢复形状的就该扔了。顺便教你一招，如果纯棉 T 恤的领子变形了，放入冰水中浸泡一下，可以在一定程度上恢复。

白色衣服穿久了总会泛黄，仔细清洗之后仍然显旧的话，也就没必要留了！

裤装比较结实，**但穿久了臀部的位置容易发光，膝部也会变形。在站立状态下，裤子的膝部有隆起的话，就可以扔了。**弹性好的牛仔裤，膝部尤其容易隆起。如果遇到这种问题，可以尝试从裤子后半部熨烫，多少能够恢复一些。

外套不应频繁清洗，多加爱护的话甚至能够穿 10 年以上。但是，正如前面提到过的，时尚只会流行一段时间。**流行趋势体现在服装的版型和长度上，因此，即使保存得很好，也要每隔三四年重新审视及汰换。**

7 如何根据个性挑选衣服?

安静和活泼，你属于哪一类?

　　同一件衣服甚至同样的搭配，有的人穿合适，有的人穿就不合适。这没有什么可奇怪的，毕竟每个人的体形、容貌都不相同。其实，衣服合适与否还受到另一个重要条件的影响，那就是本人的个性。虽说个性千差万别，但也能简单归为两类：低调保守和活泼且好奇心强。适合这两种个性的人的衣服差异较大。**低调保守的人，不适合色彩鲜艳、设计奇特的衣服**。如果不了解自己的个性，选择了适合其他个性的衣服，给人的印象会大打折扣。所以，先分析自己的个性吧。

① 低调保守的人

这种个性的人适合本书特别介绍的基本款单品，不需要奇特的设计，简洁、舒适才是关键。如果太纠结于颜色及款式，反而会被衣服束缚。藏青色西装外套、白T恤、蓝色牛仔裤、黑色牛仔裤、灰色圆领针织衫等经典色调都适合，不必有冗余的花纹。**第二章中介绍的配饰，例如太阳镜等，也没必要勉强搭配。**变成时尚达人不可能一蹴而就，需要一步一个脚印逐步提升自己的穿搭品位。

② 活泼且好奇心强的人

如果性格活泼且好奇心强，基本款风格就会显得略有不足。

当然，基本款衣服适合任何人，但这种个性

的人可以穿得更加出挑。所以，最好加入一些趣味元素。不过，有着怪异设计和颜色的衣服可绝对不行。本书介绍的款式中，横条纹 T 恤、白色牛仔裤、尼龙外套、卫衣、手链等都可以尽情尝试。**低调的人选 1 件加以点缀，好奇心强的人选 2～3 件。**或者，从整体进行调整，积极融入流行元素。基本款单品占全身衣物的 70%，剩余 30% 选择亮眼的或流行的单品，这种比例较为理想。

结局就是"习惯"

前文说明了根据个性挑选衣服的方法。可这么一来，有人会问："低调的人是不是永远只能穿基本款的衣服？"

"习惯"也是决定衣服是否合适的重要条件。如果一件衣服是第一次穿，想必一些人或多或少会感到别扭。个性保守的人这种倾向更明显，而好奇心强的人说不定会享受这种反差感。不过，即使是保守的人，也可以参阅第 156 页的建议，不断试穿，逐步改变习惯，这样自己的保守程度也会有所减弱。首先，准备基本款衣服，打下基础之后再稍加点缀，让自己逐步适应并习惯。如此一来，性格保守的人也能提升穿搭的品位。

仔细想想，其实某时某刻的心情也会对外表产生巨大影响。适合自己的衣服就是穿着时更自信的衣服。自信心越强，穿搭也就越简单。慢慢来，自信地尝试更多可能适合自己的衣服吧！

8 该听取他人的意见吗?

外部意见听多了，反而会失败

"衣服都是妻子买的。""每次买衣服都听店员的推荐。"

将不擅长的事情（挑选衣服）委托给别人，这样的成年男性太多了。或许有人认为这样可以让自己更轻松，但却忽略了穿搭失败的巨大隐患。

很多男性认为"女性＝时尚"。确实，女性对时尚资讯更敏感，将服饰搭配交由女性打理，可能是让自己变得有型的捷径。可惜，事实并没有想象中那么顺利。

男性和女性对时尚的理解存在差异。 女性服饰的款式、数量、纹样众多，选择余地更大。因此，**交给女性打理之后，可能会变成"过犹不及的时尚"**。归根结底，谁说女性就得是男性时尚的专家？男性再也不要将这些事交给女友或妻子了，也不要一味地听从外部意见。

店员只是销售专家

让店员帮着挑选衣服的男性也不在少数。他们认为店员肯定是时尚专家，肯定能够提供一些有品位的建议。不过，店员虽然对时尚比较在行，但更重要的身份还是销售专家。如果偏听偏信，你最后可能买回来一堆多余的衣服。**店员推荐之后你买了很多，最后基本没穿的情况是否存在？**那是由于店员不会考虑哪些衣服你已经有了，更不会打听你需要什么样的时尚感。所以，还是不要对店员听之任之。**自己的衣服，自己挑选**。刚

开始可能会多花一些时间，但挑选衣服很重要，
要慎重对待，从长远角度看获益匪浅。

自己现在有哪些衣服？体形方面有哪些不足？
个性如何？对于前文的内容及观点，希望大家认
真思考，这样之后挑选衣服也会变得更加轻松。

**建议男性对挑选衣服逐渐产生自信之后，再
试着听取他人意见。**以自我感受为核心再加入女
性视角，或许可使穿搭更加平易近人。从店员的
建议中，可以获得当季的穿搭信息。因此，关键
还是要有主见。掌握本书介绍的内容，培养不盲
从外部意见的意识吧！

结束语

"没有想要写的书了"，坦率地说，这就是我一年前的真实心境。"以浅显易懂的语言讲解时尚的基础知识，让大家能够切实运用"，我产生这种想法并开始写书是在 2014 年。幸运的是，我真的出版了几部作品，毫无保留地分享了自己对男性时尚的理解。在此之后，我的心头不由得冒出"没有想要写的书了"的想法。知无不言，言无不尽，我想说的都已经写给大家了。但是，事实又如何？环顾街头的男性，穿着有型的仍然很少，绝大多数人还在为穿搭所困扰。即使我出版了这些时尚书籍，情况仍然没有发生太大的变化。

"怎么做才能稍微改变这种情况？"我绞尽脑汁想了又想，最终答案其实非常简单，"写一本容易理解的时尚书"。说写就写，所有内容几乎是一股脑儿蹦出来的，很快我就完成了这本《1秒钟决定今天穿什么：不会出错的男性穿搭指南》。本书与之前的作品截然不同，并不是为部分对时尚怀有兴趣的人士提供便利，而是写给对时尚束手无策并对买衣服和穿搭感到头疼的普通男性，也就是正在阅读本书的诸位。以最简单的方式达到80分就行，这就是撰写本书的初衷。本书最大的特色或许就是"让动物们穿上衣服"。怎么样？视觉冲击感很强吧！其实，我在刚看到插图的瞬间也感到吃惊，看似不着边际，却又如此逼真。换言之，如果头像是个帅哥，说不定你会认为"这本书似乎在哪里看过"。

　　"这样的话，就难产生代入感了。"正因为设身处地为读者着想，才迸发出奇思妙想。当然，这并不是标新立异，而是尽可能让读者们能够轻松代入。所以，我也坚信这是再好不过的办法了。请大家按照书中建议挑选衣服吧！万事开头难，从一件衣服开始改变。跨出第一步之后，后面的路因人而异。在此之后，希望大家能够找到自己的时尚目标。对各位读者来说，时尚穿搭就是提升每天生活激情的动力之一。如果今后街上的男性变得时尚、有型，这对我来说就是最高的褒奖。等那天到了，我将畅饮一番。

　　最后，真诚地感谢各位读者阅读本书。

造型师 大山旬

图书在版编目（CIP）数据

1秒钟决定今天穿什么：不会出错的男性穿搭指南 /
（日）大山旬著；（日）须田浩介绘；普磊，张艳辉译.
北京：中国友谊出版公司，2024.9. -- ISBN 978-7
-5057-5916-9

Ⅰ . TS941.11-62

中国国家版本馆 CIP 数据核字第 2024SF7438 号

著作权合同登记号　图字：01-2024-4016

FUKU GA, MENDOI

Text by Shun Oyama and Illstrated by Kosuke Suda

Copyright©2019 Shun Oyama and Kosuke Suda

Simplified Chinese translation copyright ©2024 by Ginkgo(Shanghai) Book Co, Ltd.

All rights reserved.

Original Japanese language edition published by Diamond, Inc.

Simplified Chinese translation rights arranged with Diamond, Inc.

Through BARDON CHINESE CREATIVE AGENCY LIMITED.

书名	1秒钟决定今天穿什么：不会出错的男性穿搭指南
作者	［日］大山旬
绘者	［日］须田浩介
译者	普　磊　张艳辉
出版	中国友谊出版公司
发行	中国友谊出版公司
经销	新华书店
印刷	天津联城印刷有限公司
规格	787 毫米 ×1092 毫米　32 开
	6 印张　100 千字
版次	2024 年 9 月第 1 版
印次	2024 年 9 月第 1 次印刷
书号	ISBN 978-7-5057-5916-9
定价	52.00 元
地址	北京市朝阳区西坝河南里 17 号楼
邮编	100028
电话	（010）64678009